Halbleiterphysik leicht verständlich

Frank Thuselt

Halbleiterphysik leicht verständlich

Wie du zügig einsteigst oder dein Wissen auffrischst

Frank Thuselt
Elektrotechnik/Informationstechnik
Pforzheim University of Applied Sciences
Pforzheim, Deutschland

ISBN 978-3-662-70540-7   ISBN 978-3-662-70541-4 (eBook)
https://doi.org/10.1007/978-3-662-70541-4

Die Deutsche Nationalbibliothek verzeichnet diese Publikation in der Deutschen Nationalbibliografie; detaillierte bibliografische Daten sind im Internet über https://portal.dnb.de abrufbar.

© Der/die Herausgeber bzw. der/die Autor(en), exklusiv lizenziert an Springer-Verlag GmbH, DE, ein Teil von Springer Nature 2025

Das Werk einschließlich aller seiner Teile ist urheberrechtlich geschützt. Jede Verwertung, die nicht ausdrücklich vom Urheberrechtsgesetz zugelassen ist, bedarf der vorherigen Zustimmung des Verlags. Das gilt insbesondere für Vervielfältigungen, Bearbeitungen, Übersetzungen, Mikroverfilmungen und die Einspeicherung und Verarbeitung in elektronischen Systemen.
Die Wiedergabe von allgemein beschreibenden Bezeichnungen, Marken, Unternehmensnamen etc. in diesem Werk bedeutet nicht, dass diese frei durch jede Person benutzt werden dürfen. Die Berechtigung zur Benutzung unterliegt, auch ohne gesonderten Hinweis hierzu, den Regeln des Markenrechts. Die Rechte des/der jeweiligen Zeicheninhaber*in sind zu beachten.
Der Verlag, die Autor*innen und die Herausgeber*innen gehen davon aus, dass die Angaben und Informationen in diesem Werk zum Zeitpunkt der Veröffentlichung vollständig und korrekt sind. Weder der Verlag noch die Autor*innen oder die Herausgeber*innen übernehmen, ausdrücklich oder implizit, Gewähr für den Inhalt des Werkes, etwaige Fehler oder Äußerungen. Der Verlag bleibt im Hinblick auf geografische Zuordnungen und Gebietsbezeichnungen in veröffentlichten Karten und Institutionsadressen neutral.

Planung/Lektorat: Gabriele Ruckelshausen
Springer Spektrum ist ein Imprint der eingetragenen Gesellschaft Springer-Verlag GmbH, DE und ist ein Teil von Springer Nature.
Die Anschrift der Gesellschaft ist: Heidelberger Platz 3, 14197 Berlin, Germany

Wenn Sie dieses Produkt entsorgen, geben Sie das Papier bitte zum Recycling.

Vorwort

Halbleiterphysik ist eine harte Nuss? Vielleicht doch nicht, wenn du mit der richtigen Einstellung herangehst und das Lernen nicht zum Stress werden lässt. Dieses Buch könnte dir dabei helfen. Es wendet sich an Studentinnen und Studenten der Ingenieurwissenschaften und der Informationstechnik, möglicherweise mit Physik im Nebenfach, vielleicht auch an interessierte Schülerinnen und Schüler aus Leistungskursen. Ich habe ganz bewusst *Studentinnen* und *Schülerinnen* besonders angesprochen, weil ich in meiner Lehrpraxis die Erfahrung gemacht habe, dass sie im Gegensatz zu ihren männlichen Kollegen oftmals motivierter und zielstrebiger lernen und meist mit guten und sehr guten Leistungen abschließen – nur sind es eben zu wenige, weil sie sich das Fachgebiet offenbar häufig nicht zutrauen.

Wer sich mit den Grundprinzipien der elektrischen Leitung und Optoelektronik in Halbleitern vertraut machen möchte, wird hier eine nützliche Hilfe finden. Vorkenntnisse aus der Quantenmechanik sind nicht notwendig, sondern die Grundlagen werden, wenn nötig, anschaulich erklärt. Zumindest versuche ich das, so gut es geht. Auf dieser Basis lässt sich die Funktion der wichtigsten Bauelemente verstehen. Beispielhaft wird die Physik von pn-Übergängen, Bipolartransistoren und Feldeffekttransistoren (MOSFETs) beschrieben. Rechenbeispiele, Übungsaufgaben und Zusammenfassungen zu jedem Kapitel tragen zur didaktischen Vertiefung bei.

Durch seine ausführliche und verständliche Darstellung ist dieses Buch besonders für das Selbststudium geeignet – trotz lockerer Aufbereitung sollen die Darstellungen den Ansprüchen an fachliche Korrektheit genügen.

Die Idee zu diesem Büchlein (es ist ja, wie man sieht, kein richtig dicker Wälzer) kommt aus meiner Lehrpraxis. Vor einigen Jahren hatte ich ein Buch mit dem Titel *Physik der Halbleiterbauelemente* geschrieben. Es war damals als Lehrbuch für mittlere Studiensemester gedacht. Inzwischen musste ich leider feststellen, dass es für den vorgesehenen Anwenderkreis ein wenig zu anspruchsvoll ist. Unter Fachkollegen hat es zwar eine wirklich gute Resonanz gefunden und ist auch schon in der 3. Auflage erschienen – aber leider, leider hatte ich mich bezüglich der Verständlichkeit ein bisschen verschätzt. Das brachte mich auf die Idee, die ins Auge gefasste Zielgruppe nun noch einmal mit einem jetzt deutlich heruntergebrochenen Material zu beglücken. Auch untere Semester sollten die wichtigsten Aussagen zu Halbleitern verstehen können, vielleicht auch schon interessierte Schüler (und eben auch Schülerinnen!) in Leistungskursen, oder Elektroniker beziehungsweise Mechatroniker in der Technikerausbildung. Ein Ziel ist es auch, zu wesentlichen Sachverhalten einen Pool von einfachen Formeln und Daten zur Verfügung zu stellen, mit denen elementare Berechnungen auch einmal selbst durchgeführt werden können. Aber vor allem soll deutlich gemacht werden, dass die physikalischen Zusammenhänge oft nicht so kompliziert sind wie zuweilen angenommen.

Den endgültigen Anstoß zum Verfassen dieses Buches hat letztlich Corona gegeben. Wieso? In der Lockdown-Zeit hat es sich erwiesen, dass dem Selbststudium ein viel größerer Stellenwert zukommt als vorher gedacht, und dazu braucht es ein ganz ausführliches Heranführen an den Lehrstoff. Man hat ja nicht immer Gelegenheit zu Rückfragen, wenn fast alles online abgehandelt werden muss. Genauso wichtig ist diese Frage schon immer im Fernstudium.

Mein früheres Buch empfehle ich immer noch für weitergehende Studien, insbesondere zur Vorbereitung auf eine Masterarbeit in den technischen Studienrichtungen oder für fachliche Vertiefungen.

Hinsichtlich der Inhalte und Abbildungen habe ich mich natürlich bei meinem eigenen früheren Werk bedient, hoffe aber, dass die Stoffauswahl und die didaktische Aufbereitung hier etwas anwenderfreundlicher geworden sind. Lediglich zum letzten Kapitel über Nanostrukturen, Quantenpunkte und so weiter konnte ich nicht aus eigenen Erfahrungen schöpfen und berufe mich auf einige sehr gute Aufsätze des Kollegen Dieter Bimberg aus Berlin sowie vor allem auf das ausgesprochen erfrischende Lehrbuch von Jürgen Smoliner von der TU Wien und auf dessen hilfreiche Kommentare.

Ich hoffe, dass ich damit hinreichend begründet habe, warum ich es wage, einen Konkurrenztitel zu meinem eigenen Buch in die Öffentlichkeit zu bringen. Ich wünsche dem vorliegenden jedenfalls auch eine gute Verbreitung.

Noch eine Bemerkung: Ich bin so verwegen und habe das Buch in der Du-Form verfasst. Diese Ausdrucksweise ist ja heute in der digitalen Welt weit verbreitet und senkt nach meiner Beobachtung bei jungen Leuten die Hemmschwelle, sich mit einem Thema zu befassen, ganz erheblich. Und noch etwas möchte ich erwähnen: Dieses Buch ist in eigener Hand- und Kopfarbeit ohne KI-Hilfe entstanden. Ich schwöre, dass ich weder ChatGPT noch ein ähnliches Programm zu Hilfe genommen habe. Wenn du mit dem vorliegenden Buch arbeitest, kannst du dich hoffentlich fühlen wie jemand, der seine Brötchen morgens noch beim Bäcker seines Vertrauens statt im Supermarkt erworben hat. Nun hoffe ich nur noch, dass das Büchlein in seinen Inhalten und in seiner Ausdrucksweise, so wie es ist, akzeptiert wird. Setz dich als Erstes in Ruhe bei einem guten Kaffee (aus der Tasse, nicht aus dem To-go-Pappbecher!) hin und fange erst einmal in Ruhe an zu lesen.

Spätestens wenn du beim Lernen merkst, dass du dich schon an einige Herleitungen und Schlussfolgerungen nicht mehr erinnerst, ist es vielleicht Zeit, endlich selbst aktiv zu werden. Ein Lehrbuch ist schließlich kein Kunstwerk, sondern dein Arbeitsmaterial. Damit solltest du im wahrsten Sinne des Wortes arbeiten – natürlich nur, wenn es dein eigenes Exemplar ist. Dazu benötigst du außer deinem wachen Verstand unter anderem Bleistift, Textmarker und Post-it-Klebezettel. Einen Textmarker solltest du immer zur Hand haben und dich nicht scheuen, wichtige Sätze, Formeln und Bemerkungen zu markieren. Empfehlenswert ist es auch, eigene Gedanken oder Fragen am Seitenrand zu notieren. Wichtige Seiten kannst du, nein, solltest du zum Beispiel mittels farbiger Post-it-Streifen kennzeichnen. Ergänzend magst du auch kleine handschriftliche Blätter dazulegen oder einkleben. Das hat mir früher oft geholfen, aber wenn du andere Ideen hast, deinen Verstand zu unterstützen, dann probiere sie aus. Unser Gehirn ist ja so konstruiert, dass es auf manuelle Reize meist besser reagiert als auf visuelle oder akustische.

Meine Erfahrung hat gezeigt, dass viele Studierende dem Rechnen von Aufgaben allein zu viel Bedeutung beimessen. Ebenso wichtig ist es auf der anderen Seite, sich die Struktur der jeweiligen Teilgebiete zu verdeutlichen. Dazu ist es oft sinnvoll, auf einem eigenen Blatt Papier wichtige Zusammenhänge zu skizzieren, nicht in Form von mathematischen Gleichungen, sondern schon durch Pfeile: Was folgt woraus, welche Voraussetzungen brauche ich, um irgendwohin zu kommen …

Auch wenn du dabei anfangs Fehler machst – du beschäftigst dich zumindest mit den Inhalten, und im Laufe der Zeit werden deine Aufzeichnungen bald genauer werden. Dazu kannst du beispielsweise die Technik des Mindmapping benutzen. Falls du diese Methode noch nicht kennst, findest du Hinweise bestimmt im Internet. Außerdem habe ich bereits zu vielen Kapiteln einen Vorschlag als Mindmap gemacht. Damit bekommst du eine Idee, wie du die jeweiligen Inhalte strukturieren kannst und welche Zusammenhänge es gibt, ohne dass du die mathematischen Beziehungen im Detail kennen musst. Wo nicht, da findet sich hier im Buch zumindest eine textliche Zusammenfassung.

Trotzdem wirst du dich nicht scheuen, Übungsaufgaben zu lösen; zuerst versuchst du es selbst, und wenn es nicht so klappt, dann schielst du eben hin und wieder auf die von mir vorgestellte Musterlösung.

Du hast übrigens richtig bemerkt, dass hier stets von Papier und Bleistift und dem „greifbaren" Buchexemplar die Rede ist. Ich finde, manche Dinge lassen sich damit besser erledigen als mit dem PC. Aber vielleicht gehöre ich auch nur zu der altmodischen Garde, die so aufgewachsen ist. Wenn du lieber gleich mit dem Bildschirm (PC oder Smartphone) arbeiten willst, dann versuche, auch damit aktiv umzugehen, Randnotizen zu machen, wo es möglich ist, zurückzublättern, wenn nötig. Aber ich bin ziemlich überzeugt, dass du mit einem Smartphone allein nicht glücklich lernen wirst, also dann doch lieber mit dem Tablet.

Wenn es um das Lösen von Übungsaufgaben geht, habe ich noch einen (hoffentlich) prima Rat für dich: Versuche doch einmal, deine Zahlenrechnungen mit einem Numerikprogramm durchzuführen. Ich verwende MATLAB oder die dazu passende Freeware-Version Octave, die beide im technischen Umfeld am verbreitetsten sind. Natürlich musst du dich dazu, wenn du es nicht sowieso schon getan hast, erst in das jeweilige Programm einarbeiten. Aber glaube mir, du wirst es nicht bereuen. Kennst du dich einmal damit aus, kannst du im Handumdrehen Rechnungen ausführen, Grafiken erzeugen und die Ergebnisse ausdrucken oder in ein Textverarbeitungsprogramm einbinden. Das ist doch ziemlich cool, nicht wahr?

Dann jetzt los und viel Spaß bei der Arbeit!

Ich bedanke mich bei Professor Dieter Bimberg aus Berlin und Professor Jürgen Smoliner aus Wien für ihre Hilfe und ihre hilfreichen kritischen Bemerkungen zu einzelnen Kapiteln, bei meinen früheren Kolleginnen und Kollegen aus der Hochschule Pforzheim und der Universität Leipzig und, ganz wichtig, bei den Mitarbeiterinnen des Springer-Verlags Gabriele Ruckelshausen, Caroline Strunz und Anja Groth für ihre Unterstützung bei der Herstellung des Manuskripts.

Allgemeine und weiterführende Literatur

Thuselt F (2018) Physik der Halbleiterbauelemente, Springer Spektrum, 3. Aufl., Heidelberg und dort angeführte Literatur
    Sze SM, Li Y, Kwok KN (2021) Physik der Halbleiterbauelemente. Wiley VCH, Berlin

Neulußheim, Deutschland   Frank Thuselt

Inhaltsverzeichnis

1 Grundlage: Atomarer Aufbau der Materie 1
  1.1 Die Bausteine: Elektronen und Photonen 2
      1.1.1 Elektronen als Teilchen und Wellen 2
      1.1.2 Licht ins Dunkel: Photonen 4
      1.1.3 Absorption und Emission von Licht. 5
      1.1.4 Das Wasserstoffatom – Referenzbeispiel für andere Atome 8
  1.2 Was den Kristall zusammenhält: Chemische Bindung 9
  1.3 Bänder im Halbleiter. 13
  1.4 Halbleiter-Navi: Durchblick durch den Substanzdschungel. 16
  1.5 Zusammenfassung zu Kapitel 1 18
  Literatur 23

2 Der Halbleiter am Stück: Elektronen und Löcher 25
  2.1 Ideales Gas im Festkörper? – Modell des Elektronengases 25
      2.1.1 Elektronen und Löcher in Halbleitern – das Elektronengas 26
      2.1.2 Plätze pro Energieintervall und Besetzungswahrscheinlichkeit 34
      2.1.3 Teilchenkonzentration in den Bändern. 37
      2.1.4 Das Massenwirkungsgesetz – übernommen von den Chemikern 42
  2.2 Das Salz in der Suppe: Halbleiter mit Störstellen. 46
      2.2.1 Donatoren und Akzeptoren. 47
      2.2.2 Ladungsträgerkonzentration bei Anwesenheit von Störstellen 49
  2.3 Zusammenfassung zu Kapitel 2 54
  Literatur 57

3 Ströme in Halbleitern ... 59
3.1 Altbekannt: Das Ohm'sche Gesetz ... 59
3.1.1 Der Strom im Mikroskopischen – Metalle und Halbleiter ... 61
3.1.2 Die Leitfähigkeit in Halbleitern ... 64
3.2 Ein weiterer Strom: Der Diffusionsstrom in Halbleitern ... 67
3.2.1 Formel für den Diffusionsstrom ... 68
3.2.2 Praktische Näherung mit Rechenbeispiel ... 70
3.3 Zusammenfassung zu Kapitel 3 ... 73
Literatur ... 74

4 Halbleiter mit Struktur: pn-Übergänge ... 75
4.1 Das einfache Modell einer Halbleiterdiode ... 75
4.2 Der „nackte" pn-Übergang: Keine äußere Spannung ... 77
4.2.1 Ladung, Feldstärke und Potenzial – immer mit der Ruhe! ... 78
4.2.2 Diffusionsspannung ... 79
4.3 Der „gespannte" pn-Übergang: Die Ströme ... 83
4.3.1 Durchlass- und Sperrpolung ... 84
4.3.2 Ladungsträger am pn-Übergang ... 85
4.3.3 Elektronenstrom und Löcherstrom ... 87
4.3.4 Endlich am Ziel: Strom-Spannungs-Kennlinie ... 91
4.3.5 Konfrontation mit der Realität: Kennlinien und Zener-Dioden ... 94
4.4 Zusammenfassung zu Kapitel 4 ... 96
Literatur ... 96

5 Steuern mit Transistoren ... 97
5.1 „Old Men's Fashion": Der Bipolartransistor ... 97
5.1.1 Aufbau am Beispiel des npn-Transistors ... 98
5.1.2 „Mitreißend": Basisstrom steuert Kollektorstrom ... 98
5.1.3 Wie groß ist die Stromverstärkung? ... 101
5.1.4 Praxisrelevant: Das Kennlinienfeld eines Bipolartransistors ... 105
5.2 Der Feldeffekttransistor ... 107
5.2.1 Wie ist ein MOSFET aufgebaut? ... 107
5.2.2 Elektronen im „Canal Grande" ... 108
5.3 Zusammenfassung zu Kapitel 5 ... 114
Literatur ... 114

6 Es werde Licht – ein bisschen Optoelektronik 115
   6.1   Eine notwendige Vorbemerkung: Direkte und indirekte Halbleiter. 115
   6.2   Optische Emission: Der Halbleiter offenbart sein Innenleben 119
   6.3   Lumineszenzdioden: Aus Strom mach Licht 124
   6.4   Kohärentes Licht durch Halbleiterlaser 126
   6.5   Nachweis von Licht: Absorptionsbauelemente................. 129
   6.6   Solarzellen: Aus Licht werde Strom 131
   6.7   Zusammenfassung zu Kapitel 6 133
   Literatur 133

7 Zwei-, ein- und nulldimensionale Halbleiter 135
   7.1   Nano- oder Quantenstrukturen 136
   7.2   Flächenhaft: Zweidimensionale Halbleiter.................... 137
      7.2.1   Feldeffekttransistoren – „reloaded" 138
      7.2.2   Halbleiterlaser – ebenfalls „reloaded" 139
      7.2.3   Kohlenstoff als Röhrchen und Mini-Fußball 143
   7.3   Auf Linie: Eindimensionale Halbleiter....................... 145
   7.4   Ein bisschen Theorie zwischendurch: Zustandsdichten 146
   7.5   Auf den Punkt gebracht: Nulldimensionale Halbleiter........... 148
      7.5.1   Woraus bestehen sie, und wie sind sie aufgebaut?........ 149
      7.5.2   Quantenpunkte, die aber gar keine Punkte sind 149
      7.5.3   Elektronenpumpen, Coulomb-Blockade und Einelektronentransistoren............................ 153
      7.5.4   Quantenpunktlaser 157
   7.6   NV-Zentren im Diamant – vielleicht eine Basis für Quantencomputer? 159
      7.6.1   Was du an dieser Stelle über Quantencomputer wissen musst. 159
      7.6.2   Physik der NV-Zentren............................. 163
   7.7   Zusammenfassung zu Kapitel 7 167
   Literatur 169

Stichwortverzeichnis. 171

# Grundlage: Atomarer Aufbau der Materie

Du willst die Funktionsweise der wichtigsten Halbleiterbauelemente verstehen? Gut, ich werde dich dabei begleiten. Allerdings müssen wir uns zuvor ein wenig mit Mikrophysik befassen. Und in der Mikrophysik spielt eine besonders vertrackte physikalische Theorie eine große Rolle – die Quantenmechanik. Aber keine Angst. Du musst kein großer Quantenmechaniker oder keine qualifizierte Quantenmechanikerin sein. Ich will versuchen, dir die wichtigsten Prinzipien quasi nebenbei verständlich zu machen. Naja, ich will es zumindest versuchen. Fangen wir an. Ja, aber womit beginnen wir? Wir kommen nicht umhin, uns zuvor mit einigen Fragen des Atombaus und der Kristallphysik auseinanderzusetzen.

Alle Substanzen in unserer Umgebung, insbesondere auch die Halbleiter, sind ja aus Atomen aufgebaut, wie du längst weißt. Atome bestehen aus einem positiv geladenen Atomkern (gebildet aus Neutronen und Protonen) und einer negativ geladenen Hülle. Dort kreisen die Elektronen um den Kern herum, in Abständen, die im Vergleich zum Durchmesser des Kerns nahezu riesig sind. Jedes dieser Elektronen trägt eine negative Elementarladung, $-e = -1{,}602 \cdot 10^{-19}$ As. Du weißt ja, dass das Elektron eine negative Ladung trägt. Die Elektronen werden von der insgesamt gleich großen, aber positiven Ladung des Atomkerns angezogen, sodass das ganze Gebilde nach außen hin elektrisch neutral ist. Das ist unser Basiswissen, du hast es sicher längst in der Schule gehört.

Ergänzende Information Die elektronische Version dieses Kapitels enthält Zusatzmaterial, auf das über folgenden Link zugegriffen werden kann [https://doi.org/10.1007/978-3-662-70541-4_1].

© Der/die Autor(en), exklusiv lizenziert an Springer-Verlag GmbH, DE, ein Teil von Springer Nature 2025
F. Thuselt, *Halbleiterphysik leicht verständlich*,
https://doi.org/10.1007/978-3-662-70541-4_1

1.1 Die Bausteine: Elektronen und Photonen

Die Atome selbst bestehen im Wesentlichen aus – nichts. In diesem Nichts befindet sich im Zentrum der Atomkern, und um ihn herum kreisen die Elektronen der Atomhülle. Über den Atomkern musst du für unsere Zwecke nur wissen, dass er, selbst im atomaren Maßstab, noch sehr winzig ist, viel kleiner als der Durchmesser des gesamten Atoms. Die Elektronen sind jedoch für uns wichtig. In Festkörpern kommen sie als Träger des elektrischen Stroms infrage. Aber schon bei der Bildung von Kristallen spielen sie eine entscheidende Rolle, denn sie garantieren die chemische Bindung. Unter bestimmten Umständen nehmen Atome auch Licht auf oder senden umgekehrt Licht aus. In der geheimnisvollen Sprache der Quantenmechanik werden beide, Elektronen und Licht, sowohl als Teilchen als auch als Wellen angesehen, je nach Blickwinkel. Die Lichtteilchen bezeichnet man als Photonen. Einige Eigenschaften von Photonen und Elektronen wollen wir kurz zusammentragen.

1.1.1 Elektronen als Teilchen und Wellen

Elektronen verhalten sich, trotz ihrer winzigen Abmessungen, in vieler Hinsicht wie makroskopische Körper. Zum Beispiel wird ihre kinetische Energie, wenn man ihre Geschwindigkeit oder ihren Impuls kennt, nach der bekannten Beziehung

$$E = \frac{m_0}{2} v^2 = \frac{p^2}{2m_0} \tag{1.1}$$

entweder aus der Geschwindigkeit v oder aus dem Impuls p berechnet. In der Formel ist $m_0 = 9{,}109 \cdot 10^{-31}$ kg die Masse des Elektrons. Diesen Wert musst du dir nicht merken, aber vielleicht schaust du mal auf die Zehnerpotenz: rund 10^{-30} kg! Es ist immer sinnvoll, sich Größenordnungen zu merken anstatt genaue Zahlenwerte!

Allerdings haben Elektronen unter anderer Betrachtungsweise auch Welleneigenschaften, und das entspricht nun gerade nicht unseren makroskopischen Vorstellungen. Dass ein Objekt auf der einen Seite als Teilchen und auf der anderen Seite als Welle angesehen werden kann, ist eine der zahlreichen Merkwürdigkeiten der Quantenmechanik, also derjenigen physikalischen Disziplin, die im mikroskopischen Bereich maßgebend ist. Du solltest an dieser Stelle nicht zu viel darüber grübeln, sondern diese Tatsache am besten einfach zur Kenntnis nehmen. Die Quantenmechanik kann man eigentlich nicht verstehen, aber es ist möglich, durch den Umgang mit ihren Aussagen eine gewisse Vertrautheit zu erlangen. Wenn dir

1.1 Die Bausteine: Elektronen und Photonen

das annähernd gelungen ist, hast du sie vielleicht auch ein bisschen verstanden. So haben es zuweilen selbst berühmte Physiker gehandhabt.

Dem Impuls p eines Elektrons ist nach den Vorstellungen der Quantenmechaniker eine Wellenlänge λ zugeordnet:

$$\lambda = h/p \qquad (1.2)$$

Nach ihrem „Entdecker" heißt sie *de-Broglie-Wellenlänge*. Bei makroskopischen Körpern, deren Masse und damit auch der Impuls sehr groß ist, erweist sich die de-Broglie-Wellenlänge allerdings als extrem klein, sodass bei ihnen Wellenerscheinungen nicht beobachtet werden. Sie ist nur bei mikroskopischen Körpern von Bedeutung.

Die Größe $h = 6{,}626 \cdot 10^{-34}$ Js in dieser Formel ist die *Planck'sche Konstante* (oder *Planck'sches Wirkungsquantum*). Ihr begegnet man überall in der Mikrophysik. Oft wird auch die durch 2π dividierte Größe

$$\hbar = \frac{h}{2\pi} = 1{,}0546 \cdot 10^{-34} \text{ Js}$$

verwendet (gelesen als „h quer"). Sieht sehr merkwürdig aus, nicht wahr? Mittels $\hbar$ kannst du Gl. 1.2 auch in der Form $\lambda = 2\pi\hbar/p$ schreiben.

In der Mikrophysik werden in der Regel die Energiewerte statt in der international vorgesehenen Einheit Joule in Elektronenvolt angegeben: 1 eV = $1{,}602 \cdot 10^{-19}$ J. Das ist unbequem, wenn man sich an die Energieeinheit Joule gewöhnt hat. Aber so ist es nun mal, und du musst dich leider damit abfinden. Damit können wir die Planck'sche Konstante auch schreiben als

$$h = 4{,}136 \cdot 10^{-15} \text{ eVs} \quad \text{bzw.} \quad \hbar = 6{,}582 \cdot 10^{-16} \text{ eVs}$$

Hinweis
Das Elektronenvolt ist eine Einheit, die sich nicht durch einfache Kombination der physikalischen Grundeinheiten ergibt. Es ist als die Energie definiert, die ein Elektron nach Durchlaufen einer Potenzialdifferenz von 1 V aufgenommen hat. In diesem Fall ergibt sich

$$E_{el} = eU = e \cdot 1 \text{ V} = 1 \text{ eV}.$$

Der Buchstabe e der Elementarladung kann, wie du dabei siehst, „rezeptartig" zur Einheit der Spannung herübergezogen werden und ergibt dann direkt die Energieeinheit Elektronenvolt. (Für diese Vereinfachung wird mich wohl der Zorn der Physikergilde treffen.) Zur Umrechnung von Elektronenvolt in die SI-Einheit Joule muss jedoch die Konstante $e = 1{,}602 \cdot 10^{-19}$ As benutzt werden. e hattest du ja bereits als Wert der Elementarladung, also der kleinsten makroskopisch beobachtbaren Ladung überhaupt, kennengelernt. Ein Elektron hat, wie du dich erinnerst, gerade die Ladung $-e = -1{,}602 \cdot 10^{-19}$ As.

Für die Energieeinheit Elektronvolt folgt daraus in Zahlenwerten

$$1\,\text{eV} = e \cdot 1\,\text{V} = 1{,}602 \cdot 10^{-19}\,\text{VAs} = 1{,}602 \cdot 10^{-19}\,\text{J}.$$

Du musst dich wohl oder übel daran gewöhnen, in der Mikrophysik mit Elektronenvolt zu rechnen, ebenso ist für Längen die Einheit Zentimeter gebräuchlich. Daran wird sich so bald auch nichts ändern, denn alle vorhandenen Tabellen und Datensammlungen sind unter Verwendung dieser Maßeinheiten aufgebaut.

Ergänzen müssen wir noch, dass Elektronen dem quantenmechanischen *Pauli-Prinzip* unterliegen. Dieses Prinzip mutet sehr seltsam an, denn es besagt, dass sich in jedem eindeutig definierten Zustand *maximal zwei* gleiche Teilchen befinden dürfen. Die Zahl Zwei könnte dich jetzt verwundern, aber die Angelegenheit klärt sich auf, wenn du bedenkst, dass Elektronen außer ihrer Ladung noch eine weitere wichtige Eigenschaft besitzen. Das ist ihr Spin, den kannst du dir etwa als eine Eigenrotation vorstellen, also entweder linksherum oder rechtsherum gedreht. Wenn du den Spin hinzuziehst, dann unterscheiden sich zwei Elektronen auf ein und demselben Platz wieder, wenn sie unterschiedliche Spins besitzen. Das scheint doch plausibel, nicht wahr?

Das Pauli-Prinzip ist ungeheuer wichtig, weil es zum Beispiel erklärt, wie die Energiezustände in Atomen und Festkörpern besetzt werden. Ohne Pauli-Prinzip könnten letztlich keine Festkörper existieren. Den Elektronenspin werden wir erst später benötigen.

1.1.2 Licht ins Dunkel: Photonen

Nun reden wir über andere mikroskopische Erscheinungen, nämlich über das Licht. Dass Licht Welleneigenschaften besitzt, ist schon seit mehreren hundert Jahren bekannt. Die Teilcheneigenschaften des Lichts dagegen wurden erst viel später nachgewiesen, und zwar durch den äußeren *photoelektrischen Effekt*. Er äußert sich darin, dass durch Licht Elektronen aus Festkörpern herausgeschlagen werden. Eine Steigerung der Lichtintensität erhöht nicht die Energie, sondern nur die Zahl der entstehenden Elektronen, alle mit gleicher Energie. So etwas ist durch Welleneigenschaften nicht erklärbar. Aber auch diese Erkenntnis liegt über 100 Jahre zurück, und du kennst sie sicher schon. Einstein führte diese Beobachtungen auf den Teilchencharakter des Lichts zurück, dafür erhielt er den Nobelpreis. Auf diese Weise stellte er den Zusammenhang zwischen der Energie E der Photonen und der Frequenz v des Lichts beziehungsweise seiner Wellenlänge $\lambda = \dfrac{c}{v}$ her:

1.1 Die Bausteine: Elektronen und Photonen

$$E = h\nu = h\frac{c}{\lambda}. \tag{1.3}$$

Heute spricht man, wenn man den Teilchencharakter des Lichts betonen möchte, von Photonen. Mit dem griechischen Buchstaben ν („ny") wird in der Mikrophysik, und so auch hier, häufig die Frequenz f bezeichnet. c ist die Vakuumlichtgeschwindigkeit.

Mittels der Energieeinheit Elektronenvolt kannst du nun die Umrechnung der Photonenenergie in Wellenlängen vornehmen, und zwar nach der Beziehung

$$E = \frac{hc}{\lambda} = \frac{1240\,\text{eV}\,\text{nm}}{\lambda}. \tag{1.4}$$

Auch Licht hat also sowohl Teilchen- wie auch Welleneigenschaften, je nach Blickwinkel. Um beides sprachlich zu beschreiben, kann man auch von *Lichtquanten* sprechen. Ihnen lässt sich auch ein Impuls zuordnen, und zwar nach der Beziehung

$$p = \frac{h}{\lambda} = \hbar\frac{2\pi}{\lambda} = \hbar k. \tag{1.5}$$

Wie du sicher aus der Wellenoptik längst weißt, kann man für die Größe $2\pi/\lambda$ auch abgekürzt die Wellenzahl k hinschreiben.

Kombinierst du nun noch Gl. 1.3 mit Gl. 1.4, so erhältst du einen Zusammenhang zwischen Energie und Impuls eines Photons in der Form

$$E = cp, \tag{1.6}$$

also anders als der übliche Zusammenhang bei makroskopischen Körpern

$$E = \frac{m}{2}v^2 = \frac{p^2}{2m}.$$

1.1.3 Absorption und Emission von Licht

Nun reden wir darüber, was passiert, wenn ein Photon auf ein Elektron im Atom trifft. Das Photon bringt ja Energie mit. Sie kann dem Elektron übertragen werden, das Photon geht dabei leider zugrunde. Ist die Energie des Photons sehr hoch, so kann das Elektron sogar aus dem Festkörper herausgeschlagen werden. Das passiert beim *photoelektrischen Effekt*. Wenn die zugefügte Energie jedoch nicht groß genug ist, kann das Elektron die Energie des Photons aufnehmen und verbleibt im

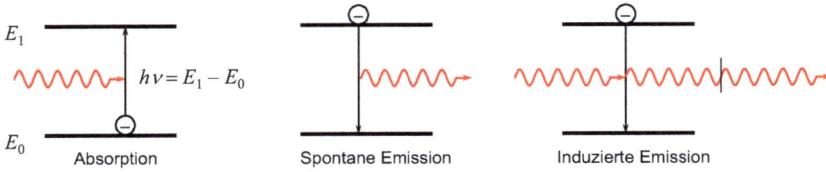

Abb. 1.1 Elementarprozesse der Erzeugung und Vernichtung von Photonen

Atom. Es gelangt dabei in einen Zustand höherer Energie, das Photon wird bei dieser *Absorption* „aufgebraucht", also absorbiert. Die energetischen Verhältnisse werden durch den Energiesatz in der Form

$$E_1 - E_0 = h\nu \tag{1.7}$$

beschrieben.

Der umgekehrte Vorgang ist auch möglich. Das Elektron kann aus dem Zustand höherer Energie wieder „herunterfallen" und kehrt in seinen Grundzustand zurück. Nun wird seine Energiedifferenz an ein Photon abgegeben, welches als Licht ausgesandt wird. Dieser Prozess heißt *Emission*. Die Emission kann sich ganz zufällig als *spontane Emission* ereignen oder von einem bereits ankommenden Photon ausgelöst werden. Dann spricht man von *induzierter Emission*. In Abb. 1.1 habe ich die drei Mechanismen schematisch dargestellt. Präge dir solche Bilder ein, sie helfen sehr bei der Aneignung des Stoffes. Die meisten Menschen sind ja eher optische Lerntypen.

Die spontane Emission in Halbleitern wird als *Lumineszenz* bezeichnet und in Lumineszenzdioden (LEDs) praktisch ausgenutzt. Der letztgenannte Prozess, die, kann zu einer Art „Kettenreaktion" werden. Er bildet die Grundlage der Lasertechnik.

Zur Wiederholung und Ergänzung
Schreib doch zur Erinnerung gleich noch einmal auf, wie Energie und Impuls sowie Energie und Wellenlänge

a) bei einem Elektron,
b) bei einem Photon

zusammenhängen.

Natürlich, den Ausdruck für die kinetische Energie des Elektrons kennst du schon lange: $E = \frac{m_0}{2}v^2$.

Und wie schreibst du die Energie als Funktion des Impulses $E(p)$? Und wie ist dieser Zusammenhang bei einem Photon?

1.1 Die Bausteine: Elektronen und Photonen

a) Klar, mittels $p = m \cdot v$ findest du sofort $E = p^2/2m_0$. Und die Wellenlänge des Elektrons ist natürlich die bekannte de-Broglie-Wellenlänge $\lambda = h/p = 2\pi\hbar/p$.

b) Beim Photon hatten wir $E = cp$; das sieht nun ganz anders aus als beim Elektron, aber dieser Unterschied ist sehr wichtig! Und der Zusammenhang mit der Wellenlänge ergibt sich daraus zu $E = cp = c \cdot h/\lambda$ – mit Zahlenwerten erhältst du

$$E = \frac{1240\,\text{eV}\,\text{nm}}{\lambda}.$$

Erinnerst du dich auch noch, dass die Wellenlänge λ mit dem Wellenzahlvektor k zusammenhängt? Es ist $k = 2\pi/\lambda$.

Wenn du das verstanden hast, kannst du doch gleich noch eine Aufgabe dazu rechnen. Stell dir vor, du sollst eine blaue Lumineszenzdiode (abgekürzt LED) designen. Die soll zum Beispiel bei einer Wellenlänge von ca. 410 nm leuchten, das ist nämlich ein Wert im blauen Bereich des Lichtspektrums. Welche Energie (in Elektronvolt) müsste dazu vom Halbleitermaterial zur Verfügung gestellt werden, damit diese LED blaue Strahlung erzeugt? Richtig, dazu greifst du auf Gl. 1.4 zurück. Du setzt einfach die Wellenlänge ein und erhältst

$$E = \frac{1240\,\text{eV}\,\text{nm}}{410\,\text{nm}} = 3{,}02\ \text{eV}.$$

Das war eigentlich viel zu einfach. Keine Angst, später kommen noch kompliziertere Überlegungen. Zu dem gefundenen Energiewert kann ich dir als passendes Material Galliumnitrid (GaN) empfehlen. Es besitzt als typischen Energiewert ein „Bandgap" von 3,44 eV; damit liegt es in der Nähe der in unserem Beispiel erforderlichen Energie. Nun bist du doch schon fast ein Halbleiterexperte geworden!

Du kennst jetzt drei Elementarprozesse, bei denen Elektronen und Photonen miteinander in Wechselwirkung treten. Skizziere sie doch gleich noch einmal und versuche, sie jemand anderem zu erklären: deinem Bruder, deinem Opa oder deinem Freund/deiner Freundin …

Richtig, es handelt sich um *Absorption*, *spontane Emission* und *stimulierte Emission*. Die Skizze sollte etwa der in Abb. 1.1 entsprechen. Hast du auch daran gedacht, dass für die induzierte Emission bereits ein Elektron vorhanden sein muss, das sozusagen als „Katalysator" wirkt?

Auf den entsprechenden Internetseiten findest du zu jedem Kapitel übrigens noch weitere Aufgaben.

Du hast jetzt die wichtigsten Merkmale von Elektronen und Photonen als mikrophysikalische Objekte mit ihren Wechselwirkungen kennengelernt. Beide unterliegen den Gesetzen der Quantenmechanik, von denen wir einige noch einmal zusammentragen wollen.

Wiederholung

- Photonen und Elektronen haben sowohl Teilchen- als auch Welleneigenschaften. Die kinetische Energie von Elektronen wird nach der Beziehung berechnet.

$$E = \frac{m_0}{2} v^2 = \frac{p^2}{2m_0}$$

Dem Impuls p eines Elektrons ist eine Wellenlänge λ zugeordnet nach $\lambda = h/p = 2\pi\hbar/p$ (de-Broglie-Wellenlänge).

- Der Zusammenhang zwischen Energie E und Wellenlänge λ für Licht (Photonen) ist dagegen gegeben durch $E = h\nu = h\dfrac{c}{\lambda}$, der Zusammenhang mit dem Impuls ist $E = cp$.
- Die Wechselwirkung von Licht mit Materie äußert sich in drei Elementarprozessen:
  - spontaner Emission,
  - induzierter Emission und
  - Absorption.

  Die dabei vom Photon abgegebene oder aufgenommene Energie entspricht der Energiedifferenz der beiden Niveaus: $E_1 - E_2 = h\nu$.
- *Pauli-Prinzip:* In einem quantenmechanischen Zustand dürfen sich maximal zwei Elektronen aufhalten. Aus dem Pauli-Prinzip resultieren die Unterschiede in den energetischen Zuständen der Atome des Periodensystems und somit der Moleküle und Festkörper.

Mit diesen Grundlagen bist du nun gerüstet, in die Physik der Festkörper einzusteigen, aber zuvor werden wir uns noch mit denjenigen Eigenschaften der Atome herumplagen müssen, die wichtig sind, wenn diese in einem Kristall zusammentreten.

1.1.4 Das Wasserstoffatom – Referenzbeispiel für andere Atome

Warum bringen wir hier das Wasserstoffatom ins Spiel? Wasserstoff ist ja gewiss kein Halbleiter. Es gibt zwei Gründe, dass wir uns damit befassen. Erstens ist es das einfachste Atom überhaupt, und man kann eine ganze Menge lernen, was den Aufbau der komplizierteren Atome betrifft. Am Beispiel des Wasserstoffatoms kannst du nämlich sehen, wie sich die Elektronen in einem Atom auf einzelne Energieniveaus (Schalen) verteilen. Und zweitens gibt es im Halbleiter Zustände, die denen in einem Wasserstoffatom ganz ähnlich sind. Es handelt sich um die sogenannten Störstellen, über die wir im nächsten Kapitel reden müssen.

Ich möchte nicht die gesamte Quantenmechanik hervorkramen, die zur Beschreibung eines Wasserstoffatoms eigentlich notwendig wäre. Auch die einfachere Darstellung, das sogenannte Bohr'sche Atommodell, verkneifen wir uns. Ich gehe davon aus, dass dieses Modell häufig schon im Leistungskurs der Schulen behandelt wird. Und wenn nicht – dann verweise ich auf mein früheres ausführliches Buch (Thuselt 2018).

Was musst du an dieser Stelle vom Wasserstoffatom wissen?

- Wasserstoff besitzt ein einzelnes Elektron, welches im Grundzustand nur auf einer bestimmten „Bahn" um den Kern kreisen kann. Der Grundzustand wird gekennzeichnet durch eine Quantenzahl $n = 1$.
- Die Energie des Grundzustands am Wasserstoffatom beträgt $E_B = -13{,}6$ eV. Genau die Energie von 13,6 eV muss einem Elektron (mindestens) zugeführt werden, um es von seinem Atomkern zu lösen.
- Das Elektron kreist um den Kern auf einer Bahn mit dem Radius a_B, dem Bohr'schen Radius. In Wahrheit, entsprechend den Gesetzen der Quantenmechanik, beschreibt es aber keinen Kreis, sondern hält sich in diesem Abstand am wahrscheinlichsten auf. Der Zahlenwert ist $a_B = 5{,}29 \cdot 10^{-11}$ m. Die räumliche Ausdehnung des Wasserstoffatoms entspricht dann dem doppelten Bohr'schen Radius, also etwa $2 \cdot a_B \approx 0{,}1$ nm. Weiter oben (energetisch gesehen) liegen noch weitere Zustände (bezeichnet mit Quantenzahlen $n > 1$), auf ihnen befinden sich jedoch keine Elektronen. Man spricht bei diesen Zuständen auch von Schalen.

Die möglichen Energiezustände des Wasserstoffatoms dienen uns als Modell für die Zustände komplizierter Atome. Eine solche Schalenstruktur besitzen nämlich prinzipiell auch die anderen Atome des Periodensystems, jedoch sitzt auf ihnen nicht nur ein Elektron, sondern mehr. Diese Atome haben ja auch eine höhere positive Kernladung und können in ihrer Hülle dementsprechend mehr negativ geladene Elektronen aufnehmen, die höher liegenden Niveaus sind also teilweise gefüllt. Allerdings liegen sie nicht bei den gleichen Energien wie beim Wasserstoffatom.

1.2 Was den Kristall zusammenhält: Chemische Bindung

Dass Atome zu einem Molekül zusammentreten können, weißt du ja. Zwei Wasserstoffatome geben ein Molekül des Wasserstoffs. Kommt noch ein Sauerstoffatom hinzu, dann hast du ein Wassermolekül vor dir. Der Zweck der chemischen Bindung in einem Molekül ist, einen energetisch günstigeren Zustand gegenüber isolierten Atomen zu erreichen. Es können aber nicht nur zwei oder drei, sondern auch sehr viele Atome zusammentreten. Wenn diese Anordnung ein regelmäßiges räumliches Gitter bildet, spricht man von einem *Kristall*. In den gebräuchlichen Halbleitersubstanzen treten die Atome als gleichberechtigte Partner zusammen. Man spricht dann von einer *homöopolaren* (oder *kovalenten*) *Bindung*, auch *Atombindung* genannt. *Homöo* ist griechisch und heißt „gleich", also „gleichpolar". Im Gegensatz dazu steht die *heteropolare* (oder *ionare*) *Bindung*, wie sie zum Beispiel im Kochsalz (Natriumchlorid, NaCl) auftritt. Bei einer solchen Bindung sind die Atome nicht gleichberechtigt, denn einer der Partner ist elektrisch negativ geladen (im Beispiel ist es das Natriumion), der andere ist elektrisch positiv geladen (das Chlorion). Beide Ionen ziehen sich infolge ihrer unterschiedlichen Ladungen an, im Kristall bilden sie einen Verbund aus abwechselnd negativ und positiv geladenen Ionen. Alles klar?

Chemisch gleichberechtigte (also homöopolare) Partner findest du in der Mitte des Periodensystems, vor allem in der vierten Hauptgruppe. Dort befindet sich auch das Element Silizium, die gegenwärtig wichtigste Halbleitersubstanz. Ähnlich wie Silizium verhalten sich auch Halbleiter, die aus Elementen der dritten und fünften Hauptgruppe des Periodensystems bestehen. Sie heißen deshalb *III-V-Halbleiter*. Ein Beispiel ist das Galliumphosphid (GaP). Da die beiden Bestandteile Gallium und Phosphor unmittelbar um die IV. Hauptgruppe herum platziert sind, bilden diese Substanzen ebenfalls eine weitgehend homöopolare Bindung aus. Eine andere wichtige Substanz ist Galliumnitrid (GaN); es besteht ebenfalls aus einem Element der III. und der V. Hauptgruppe (Abb. 1.2).

Aus dem Chemieunterricht kennst du vielleicht den Begriff der Wertigkeit. Die Wertigkeit der Elemente in einer homöopolaren Bindung wird im Wesentlichen durch die Zahl der Ladungen bestimmt, die zur Bindung beigesteuert werden. So sind die Elemente der vierten Hauptgruppe, wie Kohlenstoff oder Silizium, vierwertig. Kombinierst du ein Kohlenstoffatom mit vier Wasserstoffatomen, so erhältst du ein Methanmolekül. Wenn jedoch alle Kohlenstoffatome im Raum untereinander verbunden sind, entsteht ein Kohlenstoffkristall. Dabei gibt es zwei Möglichkeiten: Die schlichte Version ist Graphit, der interessiert uns aber hier nicht. Die edlere Modifikation kennst du auch, es ist Diamant. Der könnte schon als Halbleiter durchgehen. Die wichtigste Halbleitersubstanz ist aber nicht Diamant, sondern ein Kristall aus Siliziumatomen. Dessen Struktur entspricht genau derjenigen von Diamant. Um die Bindungen in Kristallen aus vierwertigen Bestandteilen besser darstellen zu können, benutzt man öfter eine flächenhafte Darstellung wie in Abb. 1.3 (Mitte). Das ist eine zuweilen nützliche Vereinfachung, die tatsächliche Anordnung sieht jedoch komplizierter aus. In einem Siliziumkristall

1.2 Was den Kristall zusammenhält: Chemische Bindung

II		III	IV	V	VI
⁴Be			⁵B	⁶C	⁷N	⁸O
¹²Mg			¹³Al	¹⁴Si	¹⁵P	¹⁶S
²⁰Ca	...	³⁰Zn	³¹Ga	³²Ge	³³As	³⁴Se
³⁸Sr		⁴⁸Cd	⁴⁹In	⁵⁰Sn	⁵¹Sb	⁵²Te
⁵⁶Ba		⁸⁰Hg	⁸¹Tl	⁸²Pb	⁸³Bi	⁸⁴Po

Abb. 1.2 Auszug aus dem Periodensystem der chemischen Elemente. Die Elemente der IV. Hauptgruppe sind hervorgehoben. Sie haben allesamt vier Elektronen in der äußeren Schale

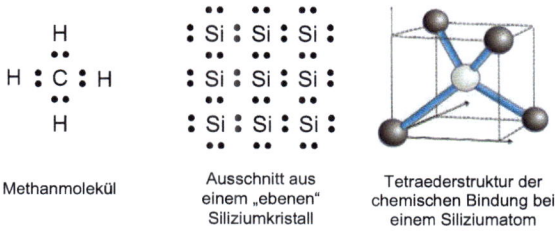

Abb. 1.3 Flächenhafte Darstellung der vierwertigen Bindungen von Silizium (Mitte). Jedes Siliziumatom bindet vier nächste Nachbarn. Zum Vergleich ist links noch einmal die ähnliche Bindungsstruktur des Methanmoleküls gezeichnet. Rechts: Bindungsrichtungen eines Siliziumatoms im Raum

streckt nämlich jedes Atom seine „Bindungsarme" möglichst gleichmäßig in alle Raumrichtungen von sich. Im rechten Teil der Abbildung ist das ausschnittsweise dargestellt. Links siehst du übrigens noch einmal die ebene Darstellung des erwähnten Methanmoleküls.

Jeder Kristall ist aus sogenannten Elementarzellen zusammengesetzt. Ein Kristallgitter besteht aus fortgesetzten Elementarzellen. Ein Beispiel ist in Abb. 1.4a gezeigt; es handelt sich um die sogenannte kubisch-flächenzentrierte Elementarzelle (engl. *face-centered cubic, fcc*). Die Elementarzelle von Silizium ist aber leider noch ein wenig komplizierter, sie besteht nämlich gleich aus zwei fcc-Gittern, die ineinandergeschoben sind (Abb. 1.4b). Uff! Die Kantenlänge einer solchen Elementarzelle ist eine experimentell (durch Röntgenbeugungsmessungen) sehr genau bestimmbare Größe und heißt *Gitterkonstante*. Die Gitterkonstante von Silizium beträgt zum Beispiel $a_0 = 0{,}543$ nm, das ist rund ½ nm, also etwa $5 \cdot 10^{-8}$ cm.

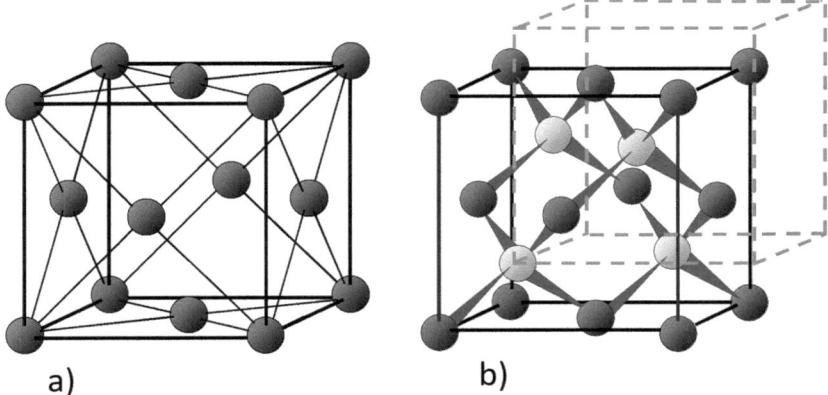

Abb. 1.4 **a** Kubisch-flächenzentrierte Elementarzelle (fcc), **b** Struktur des sogenannten Diamantgitters, welches auch die Struktur von Silizium beschreibt. Eines der beiden ineinandergeschobenen kubisch-flächenzentrierten Gitter ist durch seine Begrenzungslinien gekennzeichnet. Die Lage des versetzten Gitters ist gestrichelt angedeutet

Beispiel
Mit diesen Daten für Silizium kannst du zum Beispiel sofort ausrechnen, wie viele Atome in einem Siliziumwürfel der Kantenlänge 1 cm stecken. Du musst natürlich erst einmal wissen, wie viele Atome in einer Elementarzelle enthalten sind. Nein, es sind nicht 14, wie du vielleicht durch Zählen in Abb. 1.4 denken könntest, denn einige davon musst du ja den benachbarten Elementarzellen zugestehen. Es bleiben nur vier Stück übrig, eines in der linken unteren Ecke, die anderen auf der unteren, linken und vorderen Seitenmitte. Dasselbe gibt es noch einmal in der zweiten, räumlich versetzten Elementarzelle. Somit haben wir pro Elementarzelle $2 \cdot 4 = 8$ Elektronen. Auf 1 cm kommen demnach $\dfrac{1\text{ cm}}{a_0} = \dfrac{1\text{ cm}}{5 \cdot 10^{-8}\text{ cm}} = 2 \cdot 10^7$ Elementarzellen. Auf 1 cm³ sind das $(2 \cdot 10^7)^3 = 8 \cdot 10^{21}$ Elementarzellen. Wenn jede davon mit acht Atomen besetzt ist, sind das $8 \cdot 8 \cdot 10^{21} = 64 \cdot 10^{21}$, also fast 10^{23} Atome pro Kubikzentimeter. Diese Größenordnung kannst du dir merken. Auch die Avogadro-Zahl, die ja die Zahl der Atome pro Mol angibt, liegt in diesem Bereich.

In Metallen verhält es sich mit der Bindung etwas komplizierter: Die *metallische* Bindung kommt durch einen kollektiven Effekt der Elektronen zustande. Zwischen einem positiv geladenen Gitter von Atomrümpfen können sich die Bindungselektronen mehr oder weniger frei bewegen. Sie bilden Wolken von negativen Ladungen und halten diese dadurch zusammen. Bildlich vielleicht noch besser passt die Vorstellung einer gleichmäßigen Wolkendecke zwischen den Atomrümpfen. Diese „wolkige" Ladungsverteilung lässt sich niemals nur einzelnen Elektronen allein zuschreiben.

Um eine Vorstellung von den Größenordnungen im atomaren Bereich zu haben, solltest du dir möglichst folgende Daten einprägen:

- Die Gitterkonstante von Kristallen, also die Ausdehnung einer Elementarzelle, liegt bei Bruchteilen von 1 nm, bei Silizium zum Beispiel bei $5 \cdot 10^{-10}$ m = ½ nm.
- Der Durchmesser der Atome liegt ebenfalls bei Bruchteilen eines Nanometers; er ist natürlich etwas kleiner als die Gitterkonstante.
- Das Wasserstoffatom hat im Vergleich hierzu einen Durchmesser von ungefähr $2a_B \approx 10^{-10}$ m = 0,1 nm. Zur Erinnerung: a_B ist der Bohr'sche Radius.
- Die Konzentration der Atome in einem Kristall beträgt etwa $5 \cdot 10^{22}$ cm^{-3}, es gehören also fast 10^{23} Atome zu einem Würfel von einem Zentimeter Kantenlänge.

Du weißt nun schon eine Menge über den Aufbau der Kristalle. Etwas ganz Entscheidendes fehlt aber noch, wenn du die energetischen Verhältnisse in einem Kristall verstehen willst. Darüber sprechen wir im folgenden Abschnitt.

1.3 Bänder im Halbleiter

Am Wasserstoffatom konntest du sehen, wie sich die Elektronen der Atome auf einzelne Energieniveaus (Schalen) verteilen. Wir haben auch schon festgehalten, dass alle anderen Atome prinzipiell ähnlich aufgebaut sind, also ebenfalls mehrere Energieniveaus besitzen, die zum Teil gefüllt sind.

Stell dir nun einmal vor, du könntest etwa 10^{23} einzelne Siliziumatome kontinuierlich so weit zusammenschieben, bis am Ende ein stabiler Silizium-Einkristall entsteht. Die Energieniveaus eines jeden Atoms kommen sich dabei bedrohlich nahe. Aufeinandertreffen dürfen sie jedoch nicht – du weißt ja, das Pauli-Prinzip sorgt dafür, dass nie mehr als zwei Elektronen auf einem Niveau sitzen dürfen. Folglich gehen sich die Niveaus aus dem Weg, gerade so, als wenn du zwei Papierstapel ineinanderschieben wolltest. Der so entstehende gemeinsame Papierstapel verbreitet sich auf diese Weise.

Analog zum Beispiel des Papierstapels entstehen aus den ursprünglich isolierten, scharfen Energieniveaus durch Annäherung der Atome zum Kristall verbreiterte Zustände, die *Bänder*. Dabei durchdringen sich die energetisch höher liegenden Niveaus benachbarter Atome gegenseitig und „gehen sich bezüglich ihrer Energie aus dem Weg", gerade so, wie du es mit den beiden Papierstapeln gemacht hast. Auf diese Weise bleibt dann das Pauli-Prinzip gewahrt. Diese auseinandergefächerten Zustände gehören dann nicht mehr nur einem Atom allein, sondern sind kollektives Eigentum des gesamten Kristalls. Die energetisch tieferen

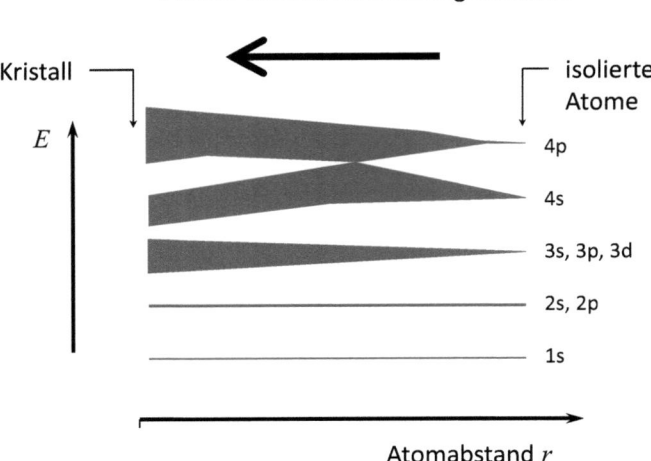

Abb. 1.5 Niveauverbreiterung bei (gedachter) allmählicher Verringerung des Atomabstands. Wir schieben von rechts nach links die Atome zum Kristall zusammen, dabei verbreitern sich die Niveaus zu Bändern. Die Bezeichnungen auf der rechten Seite entsprechen atomaren Quantenzahlen

Zustände (die sogenannten Rumpfniveaus) bleiben dagegen noch weitgehend isoliert, weil sie sich räumlich nach wie vor unterscheiden. Die Energieniveaus verhalten sich also qualitativ wie in Abb. 1.5 dargestellt.

Wie bei einem einzelnen Atom auch, so sagt das Vorhandensein von Energieniveaus – jetzt Bändern – noch nichts darüber aus, ob diese auch besetzt sind. Auch im Kristall werden zunächst die energetisch tiefsten Zustände mit Elektronen besetzt und die darüberliegenden bleiben frei. Da die Elektronen in den obersten, aber gerade noch besetzten Zuständen die Bindung („Valenz") bewirken, heißen die daraus gebildeten Bänder *Valenzbänder*. Diese Bänder sind über den ganzen Kristall ausgebreitet. Kommt durch Energiezufuhr das eine oder andere Elektron noch weiter nach oben in einen der normalerweise freien Zustände, so vermag es sich nun leicht durch den Kristall zu bewegen, es stößt ja auf keinen Widerstand. Dies kann zur elektrischen Leitung führen. Solche (mindestens teilweise) freien Bänder heißen deshalb *Leitungsbänder*. In den Valenzbändern dagegen blockieren sich die Elektronen auf ihren Positionen gegenseitig, deshalb ist dort eine elektrische Leitung nicht möglich. Über Ausnahmen reden wir später.

1.3 Bänder im Halbleiter

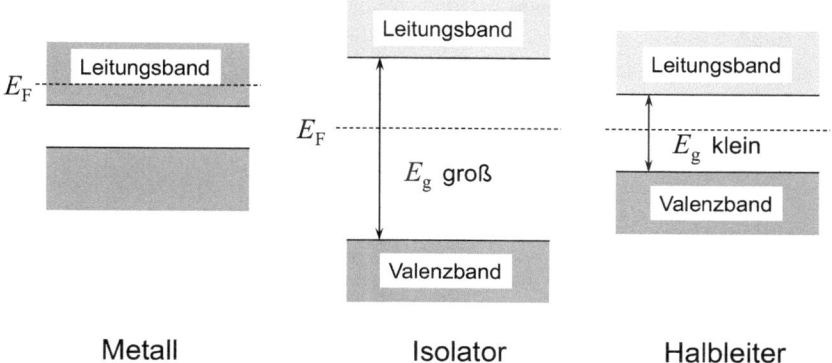

Abb. 1.6 Lage der Fermi-Energie zwischen Valenz- und Leitungsband bei Metallen, Isolatoren und Halbleitern. Dunkel: besetzte Bänder, hell: freie Bänder

Diejenige Energie, an der die Besetzung der Zustände endet, heißt *Fermi-Energie*. Metalle, Isolatoren und Halbleiter unterscheiden sich nach der Lage der Fermi-Energie wie in Abb. 1.6 dargestellt.

In Metallen liegt die Fermi-Energie mitten in einem Band (dem Leitungsband). Um in freie Zustände zu gelangen, muss ein Elektron dort nur sehr geringe Energie aufbieten. Die eigentlich freien Zustände sind daher bei Zimmertemperatur immer noch recht gut besetzt. Das ist die Ursache für die gute metallische Leitfähigkeit.

Die Fermi-Energie von Isolatoren oder Nichtleitern dagegen liegt in einer Lücke zwischen zwei Bändern. Dort gibt es aber gar keine erlaubten Energiezustände, die Fermi-Energie ist hier nur ein fiktiver Wert. Im darunterliegenden Band – es ist das Valenzband – sind (fast) alle Zustände besetzt und im darüberliegenden Leitungsband (fast) alle Zustände frei. Die Lücke zwischen besetzten und freien Bändern, *Bandlücke* oder *Gap* genannt, ist bei Isolatoren sogar besonders groß. Um Elektronen in die freien Zustände zu bringen, wäre ein sehr hoher Energieaufwand erforderlich; für die elektrische Leitung stehen dort praktisch keine zur Verfügung.

In einem Halbleiter befindet sich die Fermi-Energie ebenfalls zwischen Valenz- und Leitungsband, wie bei Isolatoren. Der Abstand zwischen beiden ist aber oft kleiner als bei Isolatoren. Damit können Elektronen unter weniger großem Energieaufwand (zum Beispiel durch Zufuhr von Licht oder Wärme) auf die ausgebreiteten Energiezustände gebracht werden. Dort tragen sie zur Leitfähigkeit bei. Halbleiter stehen aber qualitativ den Isolatoren viel näher als den Metallen, also gerade anders, als du nach der Namensgebung erwarten könntest. (Wie die Fermi-Energie bei Halbleitern und Isolatoren definiert wird und an welcher Stelle zwischen den Bändern sie genau liegt, können wir hier nicht weiter erörtern.)

Die Breite (eigentlich „Höhe") des Bandes ist für eine ganze Reihe von Halbleitereigenschaften verantwortlich. Neben der Leitfähigkeit wird dadurch auch das optoelektronische Verhalten entscheidend bestimmt. Die für die Elektronik wichtigen Mechanismen der Stromleitung können durch gezieltes Hinzufügen von *Störstellen* erbracht werden. Störstellen „stören" aber in diesem Fall überhaupt nicht, sie sind im Gegenteil sogar sehr erwünscht. Man spricht deshalb besser von einer *Dotierung*. Die Störstellen – wir nennen sie, wie üblich, trotzdem noch weiter so – liefern den größten Beitrag zur Leitfähigkeit. Deren Energieniveaus liegen nur geringfügig unterhalb des Leitungsbandes. Deshalb können ihre Elektronen auch ohne bedeutende Energiezufuhr leicht ins Leitungsband gelangen. In vielen Halbleitern befinden sich bei Zimmertemperatur sogar alle Störstellenelektronen bereits im Band. Auch an einer anderen Stelle, nämlich knapp oberhalb des Valenzbandes, können noch Störstellenniveaus liegen – darüber sprechen wir später.

Inzwischen bist du vertraut mit dem Aufbau der Halbleiterkristalle und verstehst, wie ihre Bänderstruktur zustande kommt. Prüfe doch zur Sicherheit noch einmal, ob du die folgenden Aussagen schon verinnerlicht hast:

- Die wichtigsten Halbleitersubstanzen, zum Beispiel Silizium, haben eine *homöopolare Bindung*, auch *kovalente Bindung* oder *Atombindung* genannt.
- Im Kristall verbreitern sich die isolierten atomaren Niveaus der Atome zu Bändern. Die energetisch tiefliegenden, besetzten Bänder sind die Valenzbänder – sie tragen zur chemischen Bindung bei; die unmittelbar darüber liegenden Bänder sind die Leitungsbänder.
- Die energetische Besetzungsgrenze heißt *Fermi-Energie*. Bei Metallen liegt sie im Leitungsband und bei Isolatoren und Halbleitern zwischen Leitungs- und Valenzband. In Halbleitern ist die Größe der Bandlücke für eine ganze Reihe ihrer elektrischen und optischen Eigenschaften verantwortlich. Eine merkliche Leitfähigkeit wird in ihnen erst durch Dotieren erreicht.

1.4 Halbleiter-Navi: Durchblick durch den Substanzdschungel

Schon in Abschn. 1.2 hast du erfahren, dass Halbleiter im Wesentlichen aus den Elementen der IV. Hauptgruppe des Periodensystems bestehen, darüber hinaus aus jenen, die sich darum herum gruppieren. Es sind also aus der IV. Hauptgruppe die

1.4 Halbleiter-Navi: Durchblick durch den Substanzdschungel

Elementhalbleiter Silizium (Si), Germanium (Ge) und die Kohlenstoffmodifikation Diamant.

Daneben kann auch je ein Element der III. Hauptgruppe mit einem Element der V. Hauptgruppe einen Kristall bilden. Diese Substanzen heißen *Verbindungshalbleiter*. Es gibt eine größere Zahl solcher Kombinationen. Einige für die praktischen Anwendungen, besonders in der Optoelektronik, wichtigen sind Galliumarsenid (GaAs), Galliumphosphid (GaP), Galliumnitrid (GaN) oder Aluminiumantimonid (AlSb – das chemische Kurzzeichen für Antimon ist Sb, vom lateinischen *Stibium*).

Es geht noch weiter: Eine der Komponenten eines Verbindungshalbleiters kann auch noch gemischt sein; einen Teil der Phosphoratome im Galliumphosphid kann man zum Beispiel durch Arsenatome ersetzen. Arsen steht ja wie Phosphor in der V. Hauptgruppe, nur eine Etage tiefer (Abb. 1.2). Es wird in diesem Fall also Gallium mit Arsen „gemischt". Solche Verbindungen bezeichnet man folgerichtig als *Mischkristalle*. In unserem Beispiel entsteht Gallium-Arsenid-Phosphid (GaAsP). Einen solchen Halbleiter bezeichnet man dann als *ternären Halbleiter* (ternär = aus drei Teilen bestehend).

Hinweis
Die Namen der Bestandteile werden normalerweise zusammengeschrieben. Ich habe die Trennstriche hier nur der besseren Lesbarkeit halber eingefügt.

Zusätzlich können auch die Bestandteile aus der III. Hauptgruppe noch gemischt werden. Im Beispiel könnten dies Gallium- und Aluminiumatome sein, dann entsteht ein *sogenannter quaternärer* Mischkristall (quaternär = aus vier Teilen bestehend). Er trägt dann den schier unaussprechlichen Namen Gallium-Aluminium-Arsenid-Phosphid (GaAlAsP).

Du kennst ja die chemische Formel für Wasser, H_2O. Darin steckt die Tatsache, dass im Wassermolekül ein Sauerstoffatom mit zwei Wasserstoffatomen zusammentritt. Auf die Menge bezogen heißt das, dass im Wasser immer doppelt so viel Wasserstoff enthalten ist wie Sauerstoff. Dieses Prinzip kann auch bei den Halbleitermischkristallen angewendet werden. Wenn beispielsweise von $GaAs_{0,1}P_{0,9}$ die Rede ist, weißt du sofort, dass der Mischungsanteil von Arsen 0,1 (also 10 %) und der von Phosphor 0,9 (90 %) beträgt. Natürlich kannst du das nicht auf die Einzelatome anwenden, sondern nur auf die Gesamtmenge! Allgemein schreibt man auch $GaAs_xP_{1-x}$.

Ist jedoch die Zumischung einer Atomsorte um extrem viele Größenordnungen kleiner, so spricht man nicht von Mischkristallen, sondern von Störstellen im Grundmaterial. Ein Beispiel ist Sickstoff im Galliumphosphid, gekennzeichnet durch die Formel GaP:N. Übliche Konzentrationen liegen bei Störstellen nicht mehr im Prozentbereich, sondern viele Größenordnungen darunter; auf 10^{23}

Phosphoratome könnten zum Beispiel 10^{17} Stickstoffatome kommen. Ein häufiger Fall ist es, wenn die solcherart „eingestreuten" Atome aus einer anderen Hauptgruppe stammen, dann kann es sich um einen *Donator* oder einen *Akzeptor* handeln. Obwohl in so geringer Konzentration, sind das aber oft ganz wichtige Bestandteile; erst sie gewährleisten eine hinreichende Leitfähigkeit und machen aus einem Isolator erst einen typischen Halbleiter. Über Donatoren und Akzeptoren reden wir später noch ausführlich.

Ja, das war jetzt eigentlich keine Physik, sondern lediglich Nomenklatur – aber die musst du ja auch beherrschen, wenn du später mit Kollegen reden willst, ohne dich zu blamieren. Kann man sich das alles merken? Ich verstehe, wenn du sagst, dass das sehr unübersichtlich erscheint. Deshalb habe ich dir in Abb. 1.7 eine Übersicht zusammengestellt, in der du rechts oben zum Vergleich noch einmal den Ausschnitt aus dem Periodensystem von Abb. 1.2 findest.

1.5 Zusammenfassung zu Kapitel 1

Elementare Bausteine
Elektronen als Teilchen und Wellen
Teilchenbild:

$$E = \frac{m_0}{2} v^2 = \frac{p^2}{2m_0}$$

Zuordnung einer Wellenlänge λ (*de-Broglie-Wellenlänge*):

$$\lambda = h/p$$

Pauli-Prinzip

In jedem eindeutig definierten Zustand nur *maximal zwei* gleiche Teilchen möglich (Zahl 2 wegen der Spinfreiheitsgrade).

Lichtquanten (Photonen)

Zusammenhang zwischen der Energie E der Photonen und der Frequenz v des Lichts beziehungsweise seiner Wellenlänge $\lambda = c/v$:

$$E = hv = h\frac{c}{\lambda}$$

1.5 Zusammenfassung zu Kapitel 1

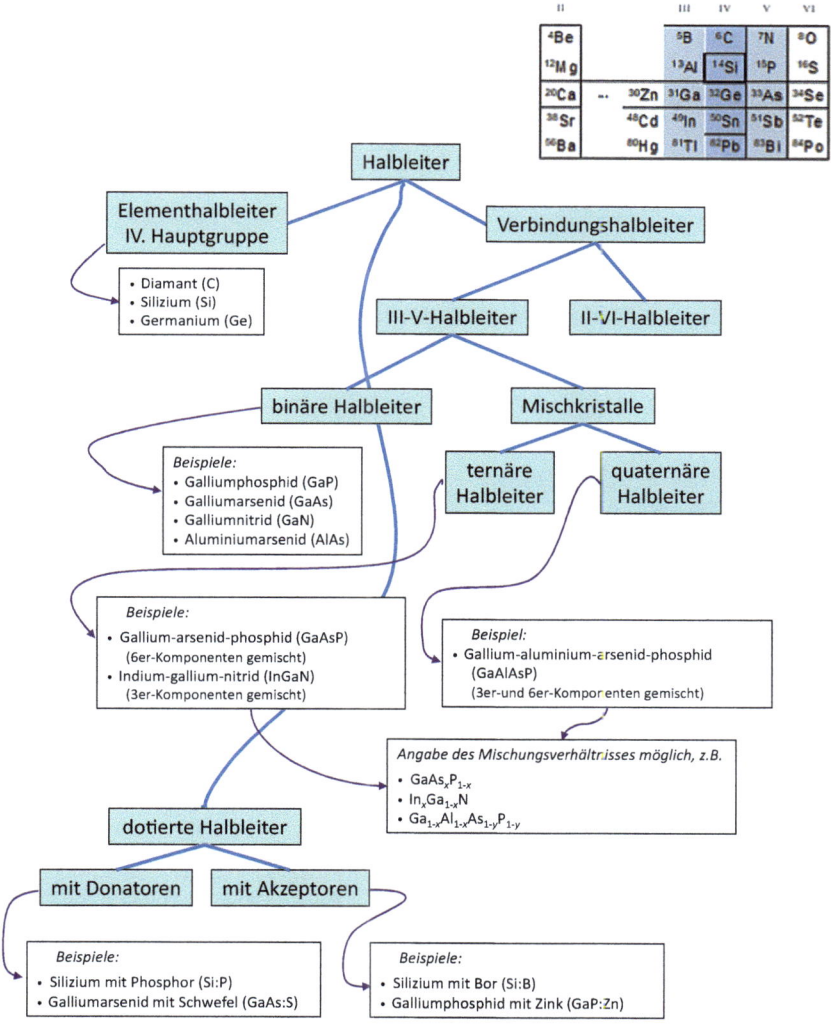

Abb. 1.7 Übersicht über die Vielfalt der Halbleitersubstanzen. Rechts oben zur Erinnerung noch einmal das Periodensystem wie in Abb. 1.2

Zahlenwerte:
$$E = \frac{hc}{\lambda} = \frac{1240\,\text{eV\,nm}}{\lambda}.$$

Impuls:
$$p = \frac{h}{\lambda} = \hbar\frac{2\pi}{\lambda} = \hbar k.$$

Zusammenhang zwischen Energie und Impuls:
$$E = cp$$

Absorption und Emission von Licht

Die Wechselwirkung von Licht mit Materie äußert sich in drei Elementarprozessen:

- spontaner Emission,
- induzierter Emission und
- Absorption.

Die dabei vom Photon abgegebene oder aufgenommene Energie entspricht der Energiedifferenz der beiden Niveaus: $E_1 - E_2 = h\nu$.

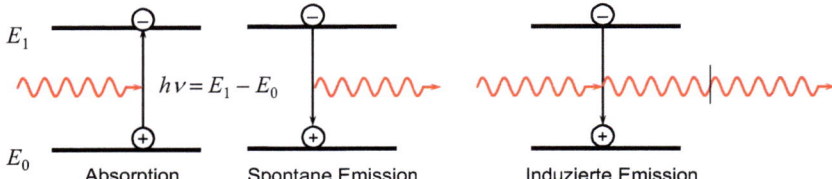

Das Wasserstoffatom – Referenzbeispiel für andere Atome

- Energie des Grundzustands am Wasserstoffatom: $E_B = -13{,}6$ eV
- Bohr'scher Radius des Wasserstoffelektrons: $a_B = 5{,}29 \cdot 10^{-11}$ m. Die räumliche Ausdehnung des Wasserstoffatoms entspricht dem doppelten Bohr-Radius, also etwa $2 \cdot a_B \approx 0{,}1$ nm.

1.5 Zusammenfassung zu Kapitel 1

Kristalle und chemische Bindung

- *Homöopolare* (*kovalente*) *Bindung*, auch *Atombindung* genannt. *Homöo* ist griechisch und heißt „gleich", also „gleichpolar". Tritt auf bei Elementen in der Mitte des Periodensystems, das sind Bestandteile unserer Halbleitersubstanzen.

II			III	IV	V	VI
^{4}Be				^{5}B	^{6}C	^{7}N	^{8}O
^{12}Mg			^{13}Al	^{14}Si	^{15}P	^{16}S
^{20}Ca	...	^{30}Zn	^{31}Ga	^{32}Ge	^{33}As	^{34}Se
^{38}Sr		^{48}Cd	^{49}In	^{50}Sn	^{51}Sb	^{52}Te
^{56}Ba		^{80}Hg	^{81}Tl	^{82}Pb	^{83}Bi	^{84}Po

- Gegensatz: *heteropolare* (oder *ionare*) *Bindung*, Beispiel: Kochsalz (Natriumchlorid, NaCl) – für gängige Halbleiter uninteressant
- Tetraederstruktur der Bindungen im Silizium:

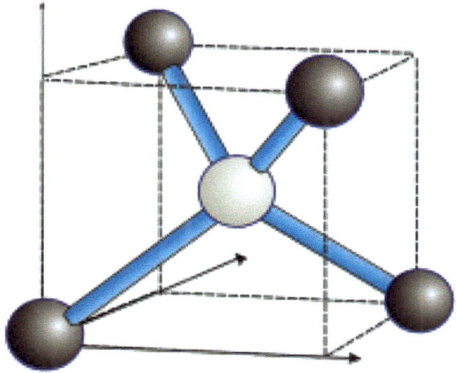

- Kubisch-flächenzentrierte Elementarzelle (*fcc*) (a) und Elementarzelle der Diamantstruktur (b):

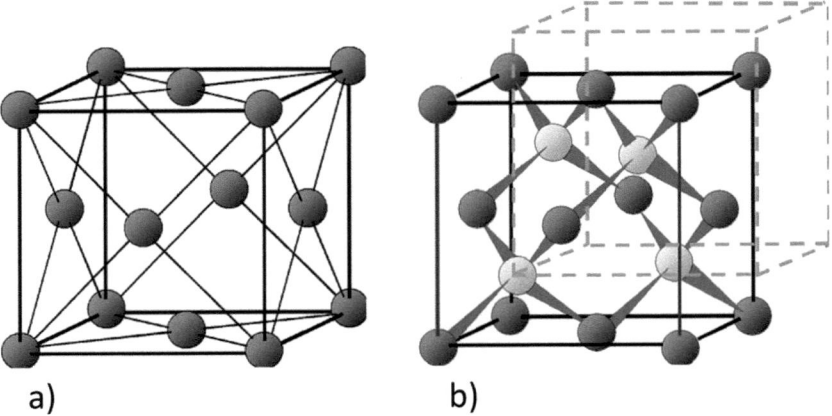

a)   b)

- *Größenordnungen*:
  - Gitterkonstante von Kristallen ca. ½ nm
  - Durchmesser der Atome: Ebenfalls Bruchteile eines Nanometers
  - Durchmesser des Wasserstoffatoms ca. 0,1 nm
  - Konzentration der Atome in einem Kristall ca. $5 \cdot 10^{22}$ pro Kubikzentimeter

Bänder im Halbleiter

Energieniveaus der Atome überlappen im Festkörper zu Bändern:

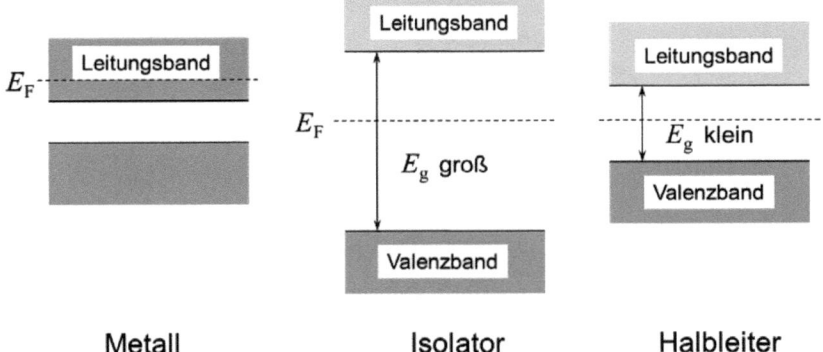

Metall   Isolator   Halbleiter

Bänder können teilweise mit Elektronen gefüllt sein. Die Besetzungsgrenze heißt *Fermi-Energie*.

Vielfalt der Halbleitersubstanzen

Hierzu verweise ich einfach auf Abb. 1.7.

Literatur

Thuselt F (2018) Physik der Halbleiterbauelemente, 3. Aufl. Springer Spektrum, Heidelberg. (Kap. 1 und dort angeführte Literatur)

2 Der Halbleiter am Stück: Elektronen und Löcher

Bevor wir etwas über Ströme im Halbleiter sagen können, müssen wir uns Gedanken machen, wie viel Ladungsträger sich in seinen Bändern befinden. Um es gleich vorwegzunehmen: Es sind in der Regel sehr wenige. Abhilfe schaffen hier nur Fremdkörper, sogenannte Störstellen. Aber lass uns erst einmal mit dem Einfachsten beginnen.

2.1 Ideales Gas im Festkörper? – Modell des Elektronengases

Du kennst vielleicht aus der Thermodynamik den Begriff des idealen Gases. Ist das Elektronengas denn etwas Ähnliches? In gewissem Sinne ja. In einem Metall wird der elektrische Strom von Elektronen getragen. Zur Beschreibung dient dabei das *Modell des Elektronengases*. Hast du diesen Begriff schon mal gehört? Bei diesem Modell geht man davon aus, dass die Elektronen im Leitungsband – oder zumindest ein großer Teil davon – sich wie ein ideales Gas durch das Material bewegen, gerade so, als wären die Atomrümpfe des Kristallgitters überhaupt nicht vorhanden. Das ist im ersten Moment eine sehr gewagte Vorstellung, wirst du einwenden. Zu Recht! Dieses Modell wurde zwar bereits zu Beginn des 20. Jahrhunderts entwickelt, doch erst später mit den Mitteln der Quantentheorie untermauert, und zwar dann, als man diese Theorie auf die Festkörperphysik losgelassen hatte. Dieses Modell wurde auch auf die Beschreibung von Halbleitern angewendet.

Ergänzende Information Die elektronische Version dieses Kapitels enthält Zusatzmaterial, auf das über folgenden Link zugegriffen werden kann [https://doi.org/10.1007/978-3-662-70541-4_2].

Wir wissen, dass ideale Gase im Sinne der üblichen Thermodynamik wechselwirkungsfrei sind. Dies ist auch beim Elektronengas der Fall, in Halbleitern noch besser als in Metallen. In einem Halbleiterkristall bewegt sich ein einzelnes Elektron im Leitungsband nämlich fast wie ein freies Teilchen. Einen Unterschied gibt es jedoch: In einem Halbleiter gilt, wie wir schon sahen, dass Pauli-Prinzip. Nicht mehr als zwei Teilchen dürfen sich in demselben Zustand aufhalten. So etwas gibt es beim klassischen „idealen Gas" nicht.

In einem elektrischen Feld bewegen sich die Elektronen aber normalerweise nicht mit konstanter Geschwindigkeit, sondern werden beschleunigt. Das kennst du aus der Elektrotechnik. Aber in einem Festkörper, ob Metall oder Halbleiter, treffen die Ladungsträger beständig auf irgendwelche Hindernisse. Erstaunlicherweise kann man das scheinbar größte Hindernis, nämlich die Atome des Kristallgitters, in der Theorie sofort verarbeiten. Man macht aus einem Elektron ein neues Teilchen „mit etwas drumherum". Das ist ungefähr so, wie sich dein Gewicht im Wasser durch den Auftrieb verändert. Die durch den Kristall veränderten Elektronen bezeichnen die Physiker als *Quasiteilchen*. Diese geben ihre im Kristall durch das elektrische Feld gewonnene kinetische Energie durch Stöße immer wieder an Störstellen oder Gitterschwingungen ab und werden dadurch abwechselnd beschleunigt und gebremst. So kommt im Mittel eine konstante Geschwindigkeit zustande, ähnlich dem Fall einer Kugel in einem Öl oder Sirup.

2.1.1 Elektronen und Löcher in Halbleitern – das Elektronengas

Du erinnerst dich: In Metallen liegt die Fermi-Energie, also die Besetzungsgrenze der Elektronen, direkt im Leitungsband (Abschn. 1.3). In Halbleitern liegt sie dagegen zwischen Leitungs- und Valenzband. Sie ist also keine wirkliche Grenze, sondern nur ein fiktiver Energiewert. Je weiter wir hier in Gedanken nach oben steigen, desto weniger Elektronen sind zu finden – die Luft wird sozusagen dünner. In einem sehr reinen Halbleiter liegt der Bandrand des Leitungsbandes ziemlich weit oberhalb des Fermi-Niveaus; dort ist die Luft schon arg dünn! Im Leitungsband befinden sich nur wenige Elektronen, aber gerade deshalb können sie sich dort sehr gut bewegen.

Wieso kann man aber die Elektronen, die ja ständig irgendwo mit der Nase anstoßen, als ideales Gas betrachten?

Im Unterschied zu einem „echten" freien Elektron spürt ein Halbleiterelektron eben auch noch die Umgebung des Kristalls. (Deshalb spricht man ja lediglich von *Quasi*teilchen.) Das Drumherum, also die Kristallumgebung, kann man aber durch folgenden Trick erfassen (sie wird dadurch sozusagen pauschal in die Teilcheneigenschaften hineingepackt):

2.1 Ideales Gas im Festkörper? – Modell des Elektronengases

Wie in der Elektrotechnik üblich, werden die elektrischen Eigenschaften des Halbleitermaterials durch die elektrische Feldkonstante ε_0, auch *Influenzkonstante* oder absolute Dielektrizitätskonstante genannt, beschrieben. In Substanzen wird sie durch deren relative Dielektrizitätskonstante oder *Permittivität* ε ergänzt. Der Einfluss aller anderen Kristallelektronen und der Atomrümpfe auf die Bewegung des Elektrons wird dadurch erfasst, dass man dem herausgegriffenen Elektron *eine effektive Masse* m_e zuordnet. In den meisten Fällen erweist sie sich als kleiner gegenüber der Masse des freien Elektrons, das Halbleiterelektron scheint also ein bisschen leichter zu sein. Somit kann man in den bei Anwendungen wichtigen Fällen für die kinetische Energie von Halbleiterelektronen schreiben:

$$E_e = \frac{p^2}{2m_e} = \frac{m_e v^2}{2} \quad (2.1)$$

Dabei zählen wir die Energie E_e vom unteren Rand des Leitungsbandes an. Die Größe p identifizieren wir mit dem Impuls. Allerdings handelt es sich streng genommen nicht um einen richtigen Impuls, die Halbleiterphysiker sprechen von einem *Quasiimpuls*. Für unsere Ansprüche reicht es jedoch, wenn wir dem Elektron gedanklich einen Impuls zuordnen, der über die bekannte Beziehung $p = mv$ mit einer Größe verknüpft ist, die wir uns als Geschwindigkeit vorstellen können. Um dieses Bild zu festigen, werden wir hier tatsächlich öfter vom „Impuls" sprechen, wohl wissend, dass dieser Begriff eigentlich nicht ganz zutreffend ist. Die Gemeinde der Halbleiterphysiker möge mich dafür steinigen!

Mit den Materialgrößen effektive Masse m_e und Permittivität ε wird genau das schon mehrfach erwähnte Drumherum erfasst, das aus einem normalen Teilchen ein Quasiteilchen macht.

Jetzt wird es dich überraschen, wenn du erfährst, dass es in Halbleitern noch eine zweite Sorte von Ladungsträgern gibt; sie sind positiv geladen und nicht negativ wie die Elektronen. (Die positive Ladung hat einen gewaltigen Vorteil für unser Denken, denn positive Teilchen bewegen sich genau in der technischen Stromrichtung, nicht entgegengesetzt zu dieser wie die Elektronen.) Diese Teilchen heißen Löcher, den Namen hast du sicher schon gehört. Der Name ist vielleicht irritierend, denn ein Loch suggeriert, dass hier irgendetwas fehlt. So ist es aber nicht; im Rahmen der Halbleiterphysik kannst du Löcher tatsächlich (fast) immer als eigenständige positive Ladungsträger betrachten. Ich vergleiche das gern mit solchen freien Teilchen, die sich in der „großen Welt", also im Vakuum, bewegen, zum Beispiel im Weltraum. (Der Weltraum ist ja ein hervorragendes Vakuum, ohne dass jemand etwas dafür tun muss!) Im Weltraum gibt es bekanntlich immer wieder Elektronen, aber ebenso deren positiv geladene Gegenstücke, die Positronen. Auch wenn Positronen auf der Erde kaum vorkommen (sie werden beim Eintritt vernichtet), so zweifelt doch niemand daran, dass es sie als eigenständige Teilchen gibt. Ebenso solltest du es mit den Löchern im Halbleiter halten, betrachte auch sie als real existent.

Nun möchtest du sicher trotzdem noch wissen, wie die Löcher in den Halbleiter kommen. Sie gelangen nicht von außen hinein, sondern entstehen sozusagen von selbst, tatsächlich sind es fehlende Elektronen. Aha, daher der Name „Löcher"! Diese fehlenden Elektronen kommen nur im Valenzband vor. Im Valenzband, du erinnerst dich, haben wir es im Gegensatz zum Leitungsband stets mit einer ungeheuer großen Zahl von Elektronen zu tun. Deshalb hat es sich eingebürgert, statt der vielen Valenzbandelektronen dort lieber nur die *fehlenden Elektronen* im Auge zu behalten. Das sind gerade die Objekte, die wir als eigenständige Teilchen, eben als Löcher, ansehen. Zählst du nämlich die Elektronen im gefüllten Valenzband, so fällt ein darunter fehlendes Teilchen nicht auf, denn wenn du von vielleicht 10^{23} Teilchen ein paar wenige wegnimmst, bleiben es immer noch fast 10^{23}. Wo aber ein Elektron fehlt, bleibt immerhin eine positive Ladung übrig. Genau diese fehlenden Elektronen bewegen sich nun als die „Löcher", also wie eigenständige positive Teilchen, durch den Kristall. Dieses Konzept ist übrigens tatsächlich der Elementarteilchenphysik entnommen worden. Die oben erwähnten Positronen können ebenfalls als fehlende Elektronen (im Vakuum!) interpretiert werden – also in der „großen Welt". Die Halbleiterphysiker haben genau diese Betrachtungsweise auf ihr Medium, eben die Halbleiter, übertragen.

Bei dieser Deutung wird ein Loch als vollkommen eigenständiges Gebilde, mit einer eigenen effektiven Masse m_h und nun positiver Ladung, angesehen. Ein entsprechender Zusammenhang zwischen kinetischer Energie und Impuls gilt dann wie bei den Elektronen auch hier:

$$E_h = \frac{p^2}{2m_h} = \frac{m_h v^2}{2} \qquad (2.2)$$

Löcher im Valenzband sind also neben den Elektronen des Leitungsbandes weitere Quasiteilchen im Halbleiter. Bei den Löchern muss allerdings die kinetische Energie nach unten hin gezählt werden, also vom oberen Bandrand hinunter ins Valenzband. Du musst dich also wohl oder übel auf den Kopf stellen oder dieses Buch umdrehen, wenn du die Löcher im gewohnten Energieschema sehen willst.

Du findest es sicher erstaunlich, dass wir die kinetische Energie von Elektronen und Löchern durch eine einfache Größe wie die effektive Masse beschreiben können. Das ist auch genau genommen nur in der Nähe der jeweiligen Bandränder korrekt. Ganz besonders erstaunlich wirst du es finden, wenn du ins Internet oder in die „klassischen" Lehrbücher der Halbleiterphysik blickst. Dort findest du nämlich in der Regel viel kompliziertere Zusammenhänge, so zum Beispiel mehrere Valenzbandmassen („leichte" und „schwere" Löcher). Sie unterscheiden sich oft auch noch voneinander. Daraus musst du nicht schließen, dass diese Daten möglicherweise falsch sind. Es ist eher so, dass sie sich meist auf verschiedene Modelle beziehen. Teilweise werden beispielsweise auch effektive Massen benutzt, die sich in der einen oder anderen Kristallrichtung unterscheiden. Gleichzeitig wirst du feststellen, dass es je nach zugrunde liegenden Messverfahren auch unterschiedliche Parametersätze gibt, und das stiftet vielleicht gleich wieder Verwirrung. Unser hier benutztes Modell ist im Gegensatz dazu relativ einfach, gibt jedoch die wichtigsten Halbleitereigenschaften als Durchschnittswerte mit vernünftiger Genauigkeit wieder.

Es ist schon wunderbar, dass wir mit *einer* effektiven Masse für das jeweilige Band den Halbleiter ganz gut beschreiben können. Aber immerhin, das Modell funktioniert und liefert ein recht brauchbares, gut handhabbares Modell. Kompliziertere Annahmen bringen noch geringfügige Verbesserungen, auf die wir im ersten Moment ruhig verzichten können.

Die solcherart mit Leben erfüllten Elektronen und Löcher können sich in ihrem jeweiligen Band nun tatsächlich wie freie Teilchen bewegen. Sie sind natürlich nicht wirklich frei, sondern noch an den Kristall gebunden, aber bei Verwendung ihrer effektiven Masse anstatt der „richtigen" Elektronenmasse ist ihre Bewegung durch die eines freien Teilchens ganz ordentlich beschreibbar.

Der Energiebereich $E_g = E_C - E_V$ zwischen der unteren Kante des Leitungsbandes E_C und der oberen Kante des Valenzbandes E_V, in dem keine erlaubten Zustände liegen, heißt *verbotene Zone* oder *Bandlücke* (engl. *bandgap* oder kurz *gap*, im Deutschen auch einfach *Bandabstand*). Er ist eine typische Halbleiterkenngröße (Abb. 2.1).

Die wichtigsten Halbleiter, darunter vor allem Silizium, haben übrigens gleich mehrere gleichberechtigte Leitungsbänder, auf die sich die Elektronen verteilen. Man nennt sie auch *Täler*. Deren Zahl kennzeichnet man mit dem Formelzeichen ν_e – das ist der griechische Buchstabe „ny" mit Index „e" für Elektronen. Du darfst diese Bezeichnung nicht mit der Frequenz des Lichts verwechseln, sie wird häufig (in diesem Buch auch) ebenfalls mit ν gekennzeichnet, jedoch ohne Index „e". Silizium, unser „Referenzhalbleiter", hat übrigens sechs solcher energetischer Minima. Jetzt wirst du fragen, wo diese Minima denn liegen. Nun – sie liegen im Raum alle am gleichen Platz! Du kannst es auch so ausdrücken: Im Leitungsband von Silizium gibt es gleichzeitig sechs Parallelwelten. Klingt fast mystisch, nicht

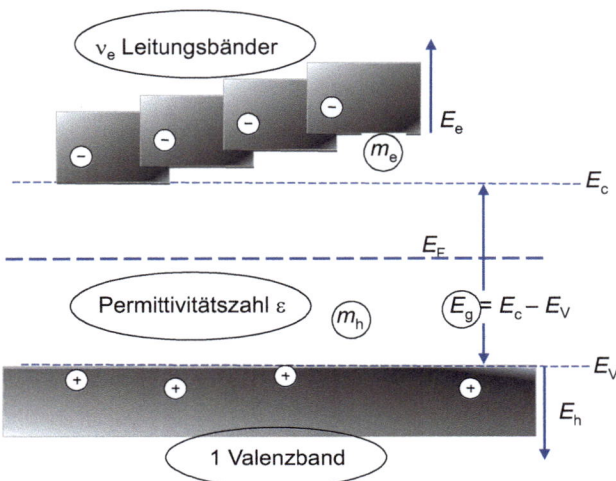

Abb. 2.1 Die wichtigsten Halbleiterparameter für Elektronen und Löcher. Die für Überschlagsrechnungen benötigten typischen Halbleiterparameter sind eingekreist

wahr? Es ist aber so, dass alle Elektronen im Silizium sich mehr oder weniger in einer bestimmten Richtung bewegen. Welche sind das?

- Geschwindigkeit oder Impuls P_x in positiver und negativer x-Richtung
- Geschwindigkeit oder Impuls P_y in positiver und negativer y-Richtung
- Geschwindigkeit oder Impuls P_z in positiver und negativer z-Richtung

Richtig, das sind genau sechs Richtungen! Die Energieminima beziehen sich also auf die Geschwindigkeiten beziehungsweise die Impulse. Zu ihnen als Grundgeschwindigkeit kommen die Geschwindigkeiten gemäß Gl. 2.1 noch als kleine Ergänzung hinzu (Abb. 2.2). In Kap. 6 über Optoelektronik werde ich versuchen, das noch etwas genauer zu erklären. Tut mir leid, ich kann dir hier keine bessere Antwort geben. Du musst dich entweder bis dahin gedulden oder schon jetzt einmal dort hinten nachschlagen. So viel können wir aber bereits festhalten: Die verschiedenen Leitungsbänder unterscheiden sich durch ihren jeweiligen „Grundimpuls" (genauer wieder: Quasiimpuls), den die Elektronen dort besitzen.

Da es sich um Quasiteilchen handelt, bewegen wir uns ja im Reich der Quantenmechanik, und da sind auch Überlagerungen möglich. Bei den sechs Geschwindigkeiten handelt es sich somit nur um Geschwindigkeitskomponenten. Es ist also

2.1 Ideales Gas im Festkörper? – Modell des Elektronengases

Abb. 2.2 Zusammensetzung von Impulsen in Halbleitern mit mehreren Leitungsbandminima – am Beispiel Silizium

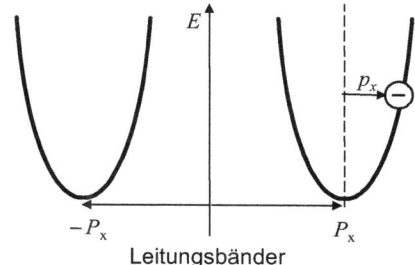

Leitungsbänder

keineswegs so, dass sich alle Elektronen nur längs der Koordinatenachsen bewegen. In anderen Materialien gibt es übrigens auch andere bevorzugte Richtungen, im Germanium sind es zum Beispiel vier. Wohin diese Richtungen im Raum zeigen, wollen wir uns lieber nicht erst deutlich machen, dazu benötigen wir zu viel räumliches Vorstellungsvermögen.

Im Mittel bewegen sich gleich viele Elektronen in jeder dieser Richtungen, deshalb kommt in der Summe kein Strom heraus. Das ist wie auf der Autobahn bei gleich starkem Verkehr auf beiden Fahrbahnen. Nur wenn ein elektrisches Feld angelegt wird (auf der Autobahn: wenn die Urlaubsziele im Süden attraktiv sind), wird eine Bewegungsrichtung bevorzugt. Übrigens benötigen die Elektronen für ihre Bewegung keine getrennten „Fahrbahnen", sie können alle auf derselben Fahrbahn (dem Leiter) fließen, ohne sich zu behindern. Schließlich sind sie ja Quasiteilchen, da sind diese Behinderungen bereits herausgerechnet.

In Tab. 2.1 sind die bereits erwähnten effektiven Massen und die Zahl der verfügbaren Leitungsbänder (Täler) als charakteristische Materialparameter der wichtigsten Halbleitersubstanzen angegeben. Die Löcher befinden sich übrigens allesamt in ein und demselben Band. Es gibt also nicht mehrere Valenzbandmaxima, sondern nur eines, das heißt, wir können uns die Angabe eines Minimums – pardon, Maximums! – sparen oder auch ν_h gleich eins setzen.

Wenn die verschiedenen Substanzen in der Tabelle aufgeführt sind, heißt das übrigens noch lange nicht, dass sie alle beliebig als Grundlagen für Bauelemente zur Verfügung stehen. Interessant ist auch, dass Diamant hier als Halbleiter aufgeführt wird. Wer ein Diamantcollier besitzt, trägt sozusagen einen teuren Halbleiter am Körper. Diamant wäre aus verschiedenen Gründen eine sehr attraktive Halbleitersubstanz, aber es lässt sich – leider – nur unter ziemlich unfreundlichen Bedingungen züchten, und in größeren Mengen, sodass man daraus ordentliche Wafer (das sind die Scheiben, aus denen am Ende Halbleiter herausgesägt werden) fertigen könnte, schon gar nicht. Ähnlich verhält es sich mit dem Galliumnitrid.

Tab. 2.1 Materialparameter der wichtigsten Halbleitersubstanzen. (Nach Madelung 1966; Powell und Roland 2002)

Halbleiter	Permittivität ε	Effektive Masse der Elektronen m_e/m_0	Zahl der Leitungsbandminima v_e („Bewegungsrichtungen")	Effektive Masse der Löcher m_h/m_0	Bandabstand E_g in eV bei 300 K (ca. 27 °C)
Diamant (C)	5,7	0,57	6 (indirekt)	0,48	5,5
Silizium (Si)	11,4	0,32	6 (indirekt)	0,57	1,12
Germanium (Ge)	15,4	0,22	4 (indirekt)	0,36	0,66
Galliumphosphid (GaP)	11,2	0,58	3 (indirekt)	0,54	2,26
Galliumarsenid (GaAs)	12,4	0,0665	1 (direkt)	0,54	1,424
Indiumarsenid (InAs)	15,2	0,023	1 (direkt)	0,41	0,324
Indiumantimonid (InSb)	15,9	0,0136	1 (direkt)	0,6	0,18
Galliumnitrid (GaN)[a]	8,9	0,20	1 (direkt)	0,85	3,39

[a] Es gibt mehrere Modifikationen von Galliumnitrid. Hier sind die Werte für *eine* spezielle Modifikation angegeben.

2.1 Ideales Gas im Festkörper? – Modell des Elektronengases

Dessen Herstellung wird allerdings zum Glück technologisch so weit beherrscht, dass es als Grundlage für die Optoelektronik heute reichlich zur Verfügung steht.

Elektronen können durch Aufnahme hinreichender Energie aus dem Valenzband ins Leitungsband angehoben werden – es bleibt dann dort ein Loch zurück. Man kann auch sagen, Elektronen und Löcher werden immer paarweise erzeugt. Dies geschieht *durch optische Anregung* (Bestrahlung mit Licht, dessen Energie wegen des Energieerhaltungssatzes mindestens dem Bandabstand vom Leitungs- zum Valenzband entsprechen muss ($h\upsilon \geq E_g$). Der Bandabstand (oder die Bandlücke) E_g ist also ein weiterer wichtiger Parameter von Halbleitern. h ist die Planck'sche Konstante und υ hier die Frequenz!

Licht mit größerer Energie als E_g erzeugt ebenfalls Elektron-Loch-Paare, aber bei etwas höheren Energien im Band; der Überschuss gegenüber E_g bleibt den Ladungsträgern als deren kinetische Energie erhalten. Der Zusammenhang der Energie E mit der Wellenlänge λ beziehungsweise der Frequenz υ von Licht ist uns bereits aus Abschn. 1.1.2 durch die Zahlenwertgleichung (Gl. 1.4) bekannt. Daraus finden wir:

$$\lambda = \frac{hc}{E_{\text{Photon}}} = \frac{hc}{E_g} = \frac{1240\,\text{eV}\,\text{nm}}{E_g} \quad (2.3)$$

Der Bandabstand E_g bestimmt die Energie, die das Licht mindestens haben muss, beziehungsweise die Wellenlänge, die es höchstens haben darf, um Elektron-Loch-Paare zu erzeugen. Aus Tab. 2.1 entnehmen wir die Bandabstände. Sie sind in Tab. 2.2 noch einmal aufgelistet. Die damit berechneten Wellenlängen sind in Tab. 2.2 in der echten Spalte zu sehen, zu den Ergebnissen sind auch die zugehörigen Spektralfarben angegeben. Das menschliche Auge ist innerhalb des Spektralbereichs von etwa 400 nm (Violett) bis 770 nm (Rot) empfindlich. In der Technik sind jedoch auch infrarote Empfänger beziehungsweise Sender gebräuchlich, daher haben zum Beispiel auch Galliumarsenid-Bauelemente (Galliumarsenid: GaAs) ihre Berechtigung; sie absorbieren vorwiegend im Infrarotbereich. Auch durch Aufnahme thermischer Energie anstelle von Licht können übrigens Elektronen ins Leitungsband gelangen.

Da Elektronen und Löcher immer paarweise erzeugt werden, sind in einem reinen Halbleiter stets gleich viele Elektronen wie Löcher vorhanden. In einem dotierten Halbleiter jedoch ist das anders, dort überwiegt stets ein Typ Ladungsträger. Die Träger, die in der Überzahl vorhanden sind, heißen *Majoritätsträger*, die anderen *Minoritätsträger*. Solche zusätzlichen Ladungsträger werden durch Fremdatome (sogenannte Störstellen, du erinnerst dich) eingebracht; wir behandeln sie in einem späteren Abschnitt.

Tab. 2.2 Bandabstände und Maximalwellenlängen zur Bildung von Elektron-Loch-Paaren. (Nach Madelung 1966)

Substanz	Bandabstand E_g in eV	Zugehörige größte Wellenlänge in nm
Diamant (C)	5,5	<225 (ultraviolett)
Silizium (Si)	1,12	<1107 (infrarot)
Germanium (Ge)	0,66	<1879 (infrarot)
Galliumphosphid (GaP)	2,26	<549 (grün)
Galliumarsenid (GaAs)	1,424	<870 (nahes Infrarot)
Indiumarsenid (InAs)	0,35	<3600 (Infrarot)
Indiumantimonid (InSb)	0,18	<6889 (fernes Infrarot)
Galliumnitrid (GaN)	3,39	<366 (ultraviolett)

2.1.2 Plätze pro Energieintervall und Besetzungswahrscheinlichkeit

Nun wollen wir doch endlich wissen, mit wie vielen Elektronen und Löchern in den einzelnen Bändern wir rechnen dürfen. Ich erkläre es hier am Beispiel der Elektronen. Um ihre Gesamtzahl im Leitungsband oder, genauer, ihre Konzentration (die Zahl pro Volumeneinheit) zu bestimmen, musst du zweierlei berücksichtigen:

1. Die Ladungsträger dürfen gemäß Pauli-Prinzip nicht alle in den gleichen Zuständen sitzen. Eigentlich würden sie sich am liebsten alle bei niedrigen Energien aufhalten, aber, leider, verbietet das Pauli-Prinzip es ihnen ja. Mehr als zwei dürfen sich nicht zusammentun – sozusagen ein quantentheoretisches Hygienekonzept. So müssen sie, falls sie das Leitungsband auffüllen wollen, dies von unten nach oben tun, von Zuständen mit niedriger Energie zu solchen mit höherer Energie. Je weiter oben die Energien im Band sind, desto mehr Elektronen passen aber zu einem bestimmten Energiewert. Genauer: Es liegt daran, dass die Energie nicht die einzige Kenngröße für einen Zustand ist, sondern der Impuls. Je höher die Energie, desto mehr Impulskombinationen gibt es, die zu dieser Energie führen. Korrekt ist aber, dass sich in jedem Impulszustand tatsächlich nur immer zwei Elektronen einfinden dürfen. Wir betrachten nun einen schmalen Streifen der Breite dE_e und suchen, wie viele Zustände in diesem Streifen enthalten sind. Es zeigt sich, dass in einen solchen Streifen (bis auf einen Vorfaktor) gerade

$$g(E_e)dE_e \sim v_e (m_e)^{3/2} \sqrt{E_e}\, dE_e \qquad (2.4)$$

2.1 Ideales Gas im Festkörper? – Modell des Elektronengases

Elektronen passen. „Es zeigt sich" – das ist übrigens die schöne Ausrede, wenn der Autor sich die Herleitung sparen möchte, so wie ich es jetzt tue. Die Überlegungen, die zu diesem Ergebnis führen, sind nämlich einfach zu lang und unübersichtlich. Aber in diesem Ausdruck wird deutlich, dass es umso mehr Zustände gibt, je größer die Energien sind. Das ist Ausdruck der Tatsache, dass zu höheren Energien immer mehr verschiedene Kombinationen von Impulszuständen passen. Für die Löcher gilt übrigens ein ähnlicher Ausdruck – lediglich die Tälerzahl ν fällt weg:

$$g(E_h)dE_h \sim (m_h)^{3/2} \sqrt{E_h}\, dE_h \qquad (2.5)$$

Beachte wieder, dass bei den Löchern die Energie E_h nach unten zählt!

Du vermisst in den Formeln das Gleichheitszeichen? Es kommt uns auch auf den genauen Ausdruck gar nicht an, denn vor allem die Abhängigkeit mit der Wurzel ist uns wichtig. Den Grund habe ich ja bereits genannt: Jedes Elektron sitzt auf einem bestimmten Impulszustand. Ich vergleiche das Anwachsen der Impulszustände bei höheren Energien gerne mit dem Anwachsen der Sitzplätze mit der Höhe in einer Fußballarena, nur sind da die Sitzplätze im Ortsraum verteilt, während die Elektronen ihre Plätze im Impulsraum aufsuchen müssen. Und noch einen Unterschied gibt es: Das Fußballstadion ist nur in x-y-Richtung ausgedehnt, für die Elektronen im Impulsraum stehen aber sogar drei Richtungen, p_x, p_y, p_z, zur Verfügung. Ergebnis: Je höher die Energien, desto mehr Zustände gibt es. Das drückt sich in der Wurzelfunktion von Gl. 2.4 aus. Sie ist in Abb. 2.3 als Parabel $g(E)$ wiedergegeben. (Im Weiteren betrachten wir nur noch die Elektronen und lassen den Index „e" weg.) Die hier gefundene Beziehung heißt *Zustandsdichte*.

2. Wir bleiben bei der Analogie zum Fußballstadion. Es kann komplett gefüllt sein, aber das ist nicht immer der Fall. Nehmen wir an, es handelt sich um ein nicht so interessantes Spiel, dann werden viele, aber nicht alle Plätze besetzt sein, zwar vorwiegend die unteren, doch nach oben hin wird es dünner. Im Leitungsband eines Halbleiters ist es ähnlich; dort wird die Besetzung mit Elektronen durch eine Wahrscheinlichkeitsverteilung erfasst. Die Temperatur mischt dabei ordentlich mit. Wie in der gewöhnlichen makroskopischen Thermodynamik gilt in fast allen praktischen Fällen auch im Halbleiter eine *Boltzmann-Verteilung* des Typs

$$f(E) = e^{-E/k_B T}.$$

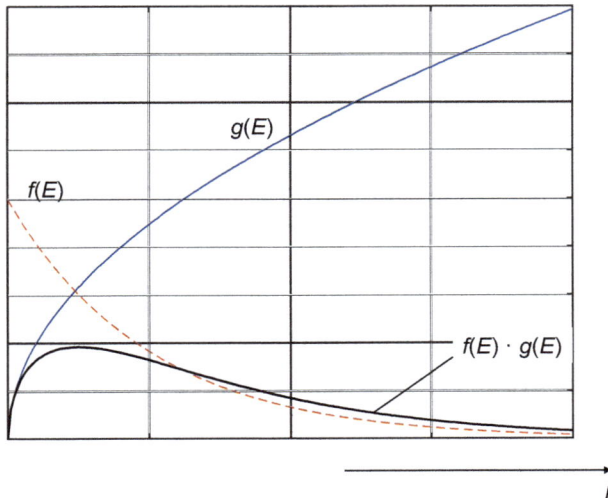

Abb. 2.3 Zustandsdichte für die Elektronen im Leitungsband mit dem typischen wurzelförmigen Verlauf. Gestrichelt: Boltzmann-Verteilung (s. unten), starke Linie: resultierende Besetzung als Produkt $f(E) \cdot g(E)$

Die Funktion $f(E)$ gibt die Wahrscheinlichkeit an, mit der ein bestimmter Energiezustand besetzt ist. Sie ist als gestrichelte Kurve in Abb. 2.3 gezeichnet. k_B in dieser Formel ist die Boltzmann-Konstante, sie ist aus der Thermodynamik bekannt. Ihr Wert ist $k_B = 1{,}3807 \cdot 10^{-23}$ J/K $= 8{,}617 \cdot 10^{-5}$ eV/K. Du erinnerst dich: In der Halbleiterphysik werden Energien am liebsten in Elektronenvolt gemessen. Du solltest dir vielleicht noch den Wert von $k_B T$ bei Zimmertemperatur einprägen: $k_B T = 25{,}85$ meV. Da im Exponenten der Verteilungsfunktionen – und später auch in anderen Ausdrücken – in der Regel Energien stehen, die man ja in (Milli-)Elektronenvolt misst, erweist sich die Umrechnung der Temperatur in Energieeinheiten als sehr sinnvoll.

Über Ausnahmen, die bei sehr hohen Elektronenkonzentrationen auftreten, reden wir hier nicht. Dort wie auch in Metallen ist die Verteilungsfunktion komplizierter – man spricht dann von einer *Fermi-Verteilung*.

Die Verteilungsfunktion gibt nicht an, ob tatsächlich in einem Energiebereich Zustände vorhanden sind, sondern nur, wie diese besetzt werden, *falls* sie existieren! Im Leitungsband ist die Besetzung nahe dem Bandrand am wahrscheinlichsten und wird nach oben hin sehr schnell kleiner. In Abb. 2.3 ist die entstehende Verteilung durch die dick ausgezogene Linie entsprechend

$f(E) \cdot g(E)$ dargestellt. Im Valenzband sind die Verhältnisse gerade umgekehrt; hier müssen die Energien der Löcher ja nach unten gezählt werden. Ähnlich wie Luftblasen schwimmen sie bevorzugt am oberen Valenzbandrand, sie fühlen sich im Gegensatz zu den Elektronen weit oben am wohlsten.

Die Besetzungsgrenze (also die Fermi-Energie) liegt, wie du dich noch erinnerst, zwischen Valenz- und Leitungsband innerhalb des Gaps (der Bandlücke).

2.1.3 Teilchenkonzentration in den Bändern

Jetzt weißt du aber immer noch nicht, wie groß die Elektronenkonzentration *insgesamt* in einem Halbleiter ist. Um das herauszufinden, müssten wir über alle Energiezustände mit den zugehörigen Wahrscheinlichkeiten, dort jeweils Elektronen zu finden, summieren, also

$$n = \int g(E) f(E) dE \tag{2.6}$$

Wie üblich laufen solche Summationen auf die Bildung eines Integrals hinaus. Dessen Berechnung sparen wir uns jedoch, denn sie ist ein bisschen langwierig. In Abb. 2.4 ist schematisch dargestellt, wie man bei der Berechnung der Teilchendichte (richtiger sollte man von Teilchenkonzentration sprechen) prinzipiell vorgeht. Aber keine Angst, das brauchst du hier nicht einzeln nachzuvollziehen.

Das Ergebnis ist jedenfalls eine Formel für die Gesamtzahl n der Elektronen pro Volumeneinheit im Leitungsband, genauer: in den einzelnen Tälern des Leitungsbandes. Sie ist der Boltzmann-Verteilung für die Einzelzustände recht ähnlich. Während dort jedoch die Wahrscheinlichkeit für einen *bestimmten* Energiewert angegeben wurde, handelt es sich nun um die *Gesamtzahl*, aufsummiert über alle besetzten Energiezustände. Sie wird (pro Volumeneinheit) geschrieben als

$$n = N_c e^{\frac{-(E_c - E_F)}{k_B T}} \tag{2.7}$$

mit einem Vorfaktor

$$N_c = 2 \nu_e \left(\frac{m_e k_B T}{2 \pi \hbar^2} \right)^{3/2}, \tag{2.8}$$

der sogenannten *effektiven* Zustandsdichte der Leitungsbandzustände. In diesem Ausdruck sind die effektive Masse m_e, die Tälerzahl ν_e und die Temperatur T enthalten. Wenn du willst, kannst du die Formel für n vereinfacht so interpretieren, als

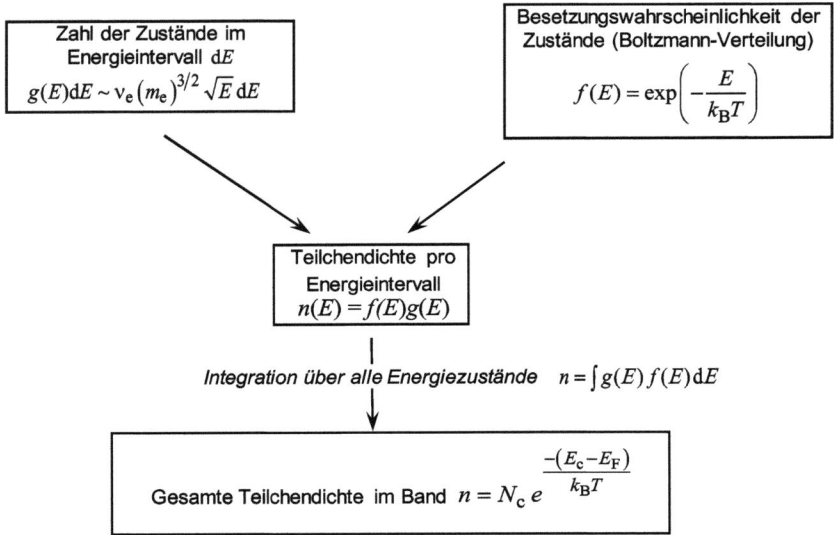

Abb. 2.4 Berechnungsschema für die Teilchenkonzentration

würden alle Elektronen im Mittel auf einem fiktiven Niveau sitzen. Wenn du jedoch N_c einfach als Rechengröße benutzt, machst du auch nichts falsch – du brauchst tatsächlich nicht zu viel hineinzuinterpretieren.

In Halbleitern werden fast ausschließlich Konzentrationen benutzt, wenn es um die Zahl der Ladungsträger geht, denn man will sich ja von den Ausmaßen des Kristalls unabhängig machen.

Lass uns analysieren, wie sich die einzelnen Terme in Gl. 2.7 auswirken: Im Exponenten steht die Differenz zwischen Leitungsbandrand E_V und Fermi-Energie E_F. Je weiter dieser Rand von der Fermi-Energie entfernt ist, desto kleiner wird die Elektronenkonzentration (bei sonst gleichen Parametern). Das ist doch einleuchtend, nicht wahr?

Die Temperatur steht an zwei verschiedenen Stellen in der Formel, einmal im Nenner des Exponenten und darüber hinaus in der effektiven Zustandsdichte N_c. Mit wachsender Temperatur wächst die Elektronenkonzentration. Der Exponent in der e-Funktion wirkt sich dabei aber viel stärker aus als der Vorfaktor N_c, in dem die Temperatur „nur" mit der Potenz 3/2 steht. Für das Temperaturverhalten ist deshalb vor allem dieser Exponent verantwortlich. Dass die Elektronenkonzentration mit der Temperatur anwächst, entspricht auch der Erfahrung.

2.1 Ideales Gas im Festkörper? – Modell des Elektronengases

Beispiel
Die zahlenmäßige Berechnung von N_c ist lästig, vor allem wegen der vielen Maßeinheiten, die du alle richtig umformen musst. Deshalb habe ich dir diese Mühe abgenommen und den Ausdruck auch gleich so umgeformt, dass er sich auf eine Temperatur von 300 K (also 27 °C) bezieht und die (relative) effektive Masse herausgezogen wurde. Das Ergebnis siehst du hier:

$$N_c = 2\upsilon_e \left(\frac{m_e k_B T}{2\pi\hbar^2}\right)^{3/2} = 2\upsilon_e \left(\frac{m_e}{m_0}\right)^{3/2} \left(\frac{m_0 k_B \cdot 300\text{ K}}{2\pi\hbar^2}\right)^{3/2} \cdot \left(\frac{T}{300\text{ K}}\right)^{3/2} = $$
$$= 2\upsilon_e \left(\frac{m_e}{m_0}\right)^{3/2} \cdot 1{,}255 \cdot 10^{19}\text{ cm}^{-3} \cdot \left(\frac{T}{300\text{ K}}\right)^{3/2} \quad (2.9)$$

Der Wert $1{,}255 \cdot 10^{19}$ cm^{-3} gilt, wie du siehst, für alle Halbleiter und alle Temperaturen, da wir die spezifischen Daten herausgezogen haben. Mit den Zahlenwerten für Silizium $\upsilon_e = 6$ und $m_e/m_0 = 0{,}32$ bekommst du $N_c = 2{,}73 \cdot 10^{19}$ cm^{-3} bei 300 K. Wie in der Halbleiterphysik üblich, steht die Konzentration auch schon in cm^{-3} da, also in Teilchen pro Kubikzentimeter. Um den Rechnungen einfach zu halten, haben es sich die Halbleiterphysiker bequem gemacht. Sie rechnen standardmäßig sehr oft mit Zimmertemperatur und setzen diese zu 300 K. Das entspricht 300 K−273,15 K = 26,8 °C. Naja, das ist etwas warm und absolut nicht öko für ein Zimmer, aber es lässt sich so schön damit rechnen! Für Halbleiter ist dieser Wert trotzdem normal, denn die Bauelemente heizen sich ja im Betrieb auf, und da können schon schnell mal ziemlich hohe Temperaturen entstehen.

Für das Valenzband erhältst du eine ähnliche zahlenmäßige Formel; sie lautet offensichtlich (ohne einen Faktor υ_h, denn da gibt es ja nicht mehrere „Täler"!):

$$N_c = 2\left(\frac{m_h k_B T}{2\pi\hbar^2}\right)^{3/2} = 2\left(\frac{m_h}{m_0}\right)^{3/2} \left(\frac{m_0 k_B \cdot 300\text{ K}}{2\pi\hbar^2}\right)^{3/2} \cdot \left(\frac{T}{300\text{ K}}\right)^{3/2} = $$
$$= 2\left(\frac{m_h}{m_0}\right)^{3/2} \cdot 1{,}255 \cdot 10^{19}\text{ cm}^{-3} \cdot \left(\frac{T}{300\text{ K}}\right)^{3/2}$$

Außer den Elektronen gibt es auch noch die Löcher im Halbleiter. Deren Konzentration kannst du mit ganz ähnlichen Formeln bestimmen. Für die Löcherkonzentration haben wir

$$p = N_v e^{\frac{E_v - E_F}{k_B T}} \quad (2.10)$$

mit einem analogen Vorfaktor

$$N_\text{v} = 2\left(\frac{m_\text{h} k_\text{B} T}{2\pi \hbar^2}\right)^{3/2}. \qquad (2.11)$$

Eine Größe ν_h tritt wie erwartet nicht auf. Klar, denn die Löcher befinden sich in unserem Modell alle im gleichen Band.

Die angegebenen Ausdrücke würden uns schon erlauben, n und p auszurechnen. Für N_c und N_v könntest du das ja mal tun, aber – leider – steht in den Gleichungen noch die bisher unbekannte Fermi-Energie E_F. Wenn wir jedoch die Ausdrücke von n und p versuchsweise einmal miteinander multiplizieren, haben wir Glück, und E_F fällt dankenswerterweise heraus. Somit erhalten wir:

$$n \cdot p = N_\text{c} N_\text{v} e^{-\frac{E_\text{c}-E_\text{v}}{k_\text{B} T}} = N_\text{c} N_\text{v} e^{-\frac{E_\text{g}}{k_\text{B} T}} = K = \text{const} \qquad (2.12)$$

Prüfe das bitte gleich mal nach. Auf diese Idee mit der Multiplikation muss man erst mal kommen! Auf der rechten Seite stehen jetzt nur noch Parameter, die du kennst.

Wir hatten hier immer einen reinen oder, etwas vornehmer ausgedrückt, „intrinsischen" Halbleiter im Sinn. (Später reden wir über andere Situationen.) Dieser enthält lediglich die „natürlich" vorhandenen Elektronen und Löcher. Da beide immer nur paarweise erzeugt werden, muss die Zahl der Elektronen im Leitungsband gleich der Zahl der Löcher im Valenzband sein, $n = p$. Wir nennen diese Konzentration intrinsische (also innere) *Ladungsträgerkonzentration* n_i. Man spricht auch von *Eigenleitungskonzentration*. Damit können wir

$$n \cdot p = n_\text{i} \cdot n_\text{i} = K \qquad (2.13)$$

oder, wenn wir die Wurzel ziehen,

$$n_\text{i} = \sqrt{K} = \sqrt{N_\text{c} N_\text{v}}\, e^{-\frac{E_\text{g}}{2 k_\text{B} T}}. \qquad (2.14)$$

schreiben. Beachte, dass das Wurzelziehen in der Exponentialfunktion dadurch berücksichtigt wird, dass die Zwei im Nenner steht!

Die Größe n_i^2 könnten wir nun anstelle von K als reine Rechenkonstante benutzen.

2.1 Ideales Gas im Festkörper? – Modell des Elektronengases 41

Beispiel
Die in Gl. 2.14 im Exponenten stehende Größe hat den Charakter einer Aktivierungsenergie. Du kannst es dir ganz grob so vorstellen, dass durch Energiezufuhr ein Elektron mittels einer Energie von ungefähr $E_g/2$ aus der Mitte der Bandlücke ins Leitungsband angehoben und gleichzeitig ein Loch mittels einer gleich großen Energie ins Valenzband „hinuntergedrückt" wird. Auf diese Weise ist keines der beiden Teilchen bevorzugt.

Jetzt bist du schon richtig vorbereitet, um Teilchenkonzentrationen in einem Halbleiter berechnen zu können. Machen wir das doch gleich einmal zusammen für Silizium. Du musst nur die passenden Werte aus Tab. 2.1 einsetzen.

Wir beginnen dazu mit dem Vorfaktor. N_c entnehmen wir aus Gl. 2.9, N_v ist ganz ähnlich, nur fehlt die Tälerzahl, und es steht statt der Elektronenmasse die Lochmasse drin:

$$\sqrt{N_c N_v} = \sqrt{2 v_e \left(\frac{m_e}{m_0}\right)^{3/2} \cdot 1{,}255 \cdot 10^{19} \text{ cm}^{-3} \cdot \left(\frac{T}{300 \text{ K}}\right)} \cdot$$

$$\cdot \sqrt{2\left(\frac{m_h}{m_0}\right)^{3/2} \cdot 1{,}255 \cdot 10^{19} \text{ cm}^{-3} \cdot \left(\frac{T}{300 \text{ K}}\right)^{3/2}}$$

$$= \sqrt{2{,}73 \cdot 10^{19} \text{ cm}^{-3} \cdot \left(\frac{T}{300 \text{ K}}\right)^{3/2} \cdot 1{,}08 \cdot 10^{19} \text{ cm}^{-3} \cdot \left(\frac{T}{300 \text{ K}}\right)^{3/2}} =$$

$$= \sqrt{2{,}94 \cdot 10^{38} \text{ cm}^{-3} \cdot \left(\frac{T}{300 \text{ K}}\right)^{3}} = 1{,}72 \cdot 10^{19} \text{ cm}^{-3} \cdot \left(\frac{T}{300 \text{ K}}\right)^{3/2}$$

Ich würde dir empfehlen, die Operationen wenigstens überblicksweise nachzuvollziehen. Einsetzen in Gl. 2.14 ergibt mit dem Wert $E_G = 1{,}12$ eV aus Tab. 2.1

$$n_i = 1{,}72 \cdot 10^{19} \text{ cm}^{-3} \cdot \left(\frac{T}{300 \text{ K}}\right)^{3/2} \cdot e^{-\frac{1{,}12 \text{ eV}}{2 \cdot (8{,}617 \cdot 10^{-5} \text{ eV/K}) \cdot T}}$$

Für die übliche „Zimmertemperatur" von 300 K wird daraus mit $k_B \cdot T = 25{,}85$ meV

$$n_i = 1{,}72 \cdot 10^{19} \text{ cm}^{-3} \cdot e^{-\frac{1{,}12 \text{ eV}}{2 \cdot 25{,}85 \text{ meV}}} = 6{,}71 \cdot 10^{9} \text{ cm}^{-3}$$

also genau der Wert, der auch in der dritten Spalte von Tab. 2.3 aufgeschrieben ist.

In Tab. 2.3 sind effektive Zustandsdichten auch für andere Halbleiter und für die Valenzbänder angegeben. Die Berechnung ist dann ganz ähnlich. Prüfe den einen oder anderen Wert ruhig einmal nach.

Tab. 2.3 Effektive Zustandsdichten und intrinsische Ladungsträgerkonzentration der wichtigsten Halbleitersubstanzen bei 300 K

Halbleiter	N_c/cm^{-3}	N_v/cm^{-3}	n_i/cm^{-3}
Diamant (C)	$6{,}48 \cdot 10^{19}$	$8{,}34 \cdot 10^{18}$	$1{,}47 \cdot 10^{-27}$
Silizium (Si)	$2{,}73 \cdot 10^{19}$	$1{,}08 \cdot 10^{19}$	$6{,}71 \cdot 10^{9}$
Germanium (Ge)	$1{,}04 \cdot 10^{19}$	$5{,}42 \cdot 10^{18}$	$2{,}14 \cdot 10^{13}$
Galliumphosphid (GaP)	$3{,}33 \cdot 10^{19}$	$9{,}96 \cdot 10^{18}$	$1{,}892 \cdot 10^{0}$
Galliumarsenid (GaAs)	$4{,}30 \cdot 10^{17}$	$9{,}96 \cdot 10^{18}$	$2{,}25 \cdot 10^{6}$
Indiumarsenid (InAs)	$8{,}75 \cdot 10^{16}$	$4{,}63 \cdot 10^{18}$	$7{,}31 \cdot 10^{14}$
Indiumantimonid (InSb)	$3{,}98 \cdot 10^{16}$	$1{,}17 \cdot 10^{19}$	$2{,}10 \cdot 10^{16}$
Galliumnitrid (GaN)	$2{,}55 \cdot 10^{18}$	$1{,}97 \cdot 10^{19}$	$6{,}22 \cdot 10^{18}$

Für Silizium kann man sich grob $n_i = 10^{10}$ cm^{-3} merken. Das ist zwar nicht der gleiche Wert, der in der Tabelle steht, aber für grobe Abschätzungen reicht er allemal. In der Praxis können Substanzen übrigens nie so rein hergestellt werden, dass die tatsächliche Ladungsträgerkonzentration nahe bei n_i liegt. Die erreichbaren Werte liegen in der Regel um mehrere Größenordnungen darüber. Insofern ist n_i lediglich ein Rechenwert, wenn auch ein überaus nützlicher.

Du solltest insbesondere einmal auf den Wert für Diamant schauen. Dort haben wir einen sagenhaft niedrigen Wert $n_i = 1{,}47 \cdot 10^{-27}$ cm^{-3}. Er begründet die Eigenschaft von Diamant als extrem temperaturstabilen Halbleiter, wie wir später sehen werden.

2.1.4 Das Massenwirkungsgesetz – übernommen von den Chemikern

In Gl. 2.12, die das Produkt aus Elektronen- und Löcherkonzentration beschreibt, sind alle Größen auf der rechten Seite für eine bestimmte Halbleitersubstanz und eine feste Temperatur konstant. Sie hängen weder von der Fermi-Energie noch von der Ladungsträgerkonzentration der Elektronen oder Löcher ab. Das heißt, unabhängig davon, wie groß n und p tatsächlich sind, muss ihr Produkt immer gleich sein, was wir (bei gegebener Temperatur) durch die Konstante K ausgedrückt haben:

$$n \cdot p = K \qquad (2.15)$$

mit $K = N_c N_v e^{-(E_g / k_B T)}$.

2.1 Ideales Gas im Festkörper? – Modell des Elektronengases

Solch ein Gesetz kennt man aus der Chemie. Es heißt dort *Massenwirkungsgesetz* und gibt die Ausbeute bei einer chemischen Reaktion an. In unserem Fall ist diese „Reaktion" die Erzeugung oder Vernichtung eines Elektron-Loch-Paares mittels Aufnahme oder Abgabe von Energie (zum Beispiel in Form eines Photons):

$$e + h = \text{Energie}$$

In einem reinen (also intrinsischen) Halbleiter hatten wir $n = p = n_i$. In einem dotierten Halbleiter werden durch Störstellen weitere Ladungsträger, zum Beispiel Elektronen, hinzugebracht, und dadurch wird deren Konzentration festgelegt. In dem Fall gilt das Massenwirkungsgesetz jedoch auch. Es regelt dann die Konzentration der jeweils anderen Ladungsträgersorte, zum Beispiel der Löcher, nach der Beziehung $p = K/n = n_i^2/n$.

Um es noch einmal ganz deutlich zu sagen: Die Größe n_i kann man in zweierlei Hinsicht interpretieren:

- Einerseits ist n_i die bereits eingeführte intrinsische Ladungsträgerkonzentration, also die Konzentration der Elektronen und Löcher, die sich gemäß Gl. 2.14 in einem reinen Halbleiter einstellen würde.
- Andererseits darfst du $n_i^2 = K$ auch einfach als eine Konstante ansehen. Sie sorgt für die Einstellung des Gleichgewichts in Gl. 2.13, wenn eine der Konzentrationen n oder p bereits vorgegeben ist, zum Beispiel durch Störstellen. Dies ist nichts anderes als die Widerspiegelung des aus der Chemie bekannten Massenwirkungsgesetzes, hier aufgeschrieben für die „Reaktion"

$$\text{Elektron} + \text{Loch} \Leftrightarrow \text{Photon}.$$

In wenigen Fällen allerdings gilt das Massenwirkungsgesetz nur noch eingeschränkt, und zwar zum Beispiel dann, wenn durch optische Anregung eine hohe Konzentration von Elektronen und Löchern zugleich erzeugt wird. In diesem Fall handelt es sich jedoch um ein Ungleichgewicht, über das wir an dieser Stelle nicht reden wollen.

Beispiel
Zur Illustration des Massenwirkungsgesetzes kann uns folgender Fall dienen: Durch Störstellen werde eine Elektronenkonzentration im Silizium von $n = 10^{16}$ cm^{-3} vorgegeben. Die Konzentration der Löcher ergibt sich dann unter Verwendung von $n \cdot p = K$ zu

$$p = \frac{K}{n} = \frac{n_i^2}{n} = \frac{\left(10^{10} \text{ cm}^{-3}\right)^2}{10^{16} \text{ cm}^{-3}} = 10^4 \text{ cm}^{-3}.$$

(Für eine Abschätzung reicht der genäherte Wert von n_i.) Wie du siehst, ist die resultierende Lochkonzentration nur noch sehr klein – nur 10.000 Löcher pro Kubikzentimeter! Das ist schon eine eher fiktive Rechengröße als ein realistischer Wert. Der genaue Zahlenwert ist zwar ein bisschen größer, nämlich

$$p = \frac{n_i^2}{n} = \frac{\left(6{,}71 \cdot 10^9 \text{ cm}^{-3}\right)^2}{10^{16} \text{ cm}^{-3}} = 4{,}5 \cdot 10^4 \text{ cm}^{-3}$$

aber auch nicht um Zehnerpotenzen verschieden.

Jetzt nehmen wir zur Abwechslung einmal eine andere Substanz her und berechnen die Konzentration der Elektronen im Galliumarsenid (GaAs) bei 300 K, wenn die Löcherkonzentration durch Einbringen von Löchern durch Akzeptoren auf $p = 10^{15}$ cm^{-3} festgelegt ist.

Aus Tab. 2.3 entnimmst du den Wert für n_i, und dann kannst du schon loslegen:

$$p = \frac{n_i^2}{p} = \frac{\left(2{,}25 \cdot 10^6 \text{ cm}^{-3}\right)^2}{10^{15} \text{ cm}^{-3}} = 5{,}06 \cdot 10^{-3} \text{ cm}^{-3}$$

Bei diesem Ergebnis reibst du dir sicher die Augen. Nur 5 Elektronen *pro Kubikmeter*?? In einem kleinen Halbleiterstückchen im Nanometerbereich ist dann ja eigentlich nichts mehr vorhanden! Da muss ich dir antworten: Bei diesem Ergebnis handelt es sich lediglich um eine Rechengröße, die auf die Zusammenhänge der beiden Konzentrationen hinweist. Man braucht diese Zahlenwerte zum Beispiel, wenn es um die Auslegung von Bauelementestrukturen geht.

Dass die Löcherkonzentration kleiner wird, wenn die Elektronenkonzentration wächst, ist vielleicht im ersten Moment verwunderlich. Du musst jedoch bedenken, dass es sich um ein dynamisches Gleichgewicht bei einer „chemischen Reaktion" handelt, bei der sich ein Elektron und ein Loch finden müssen, um ein Photon zu erzeugen. Erhöhen wir die Konzentration der Elektronen, so ist es nun für ein einzelnes Loch aussichtsreicher, ein Elektron zu treffen und zu rekombinieren, sodass deshalb die Löcherkonzentration abnimmt. Das kann man auch dynamisch formulieren: Betrachten wir die Rate der von einem Photon erzeugten Elektron-Loch-Paare mit G (für *Generation*) und die Rekombinationsrate mit $R = r \cdot n \cdot p$, so ist

$$\frac{dn}{dt} = \frac{dp}{dt} = G - R = G - r \cdot n\,p = 0$$

Im Gleichgewicht ist $dn/dt = dp/dt = 0$ und somit $n \cdot p = G/r =$ const.

2.1 Ideales Gas im Festkörper? – Modell des Elektronengases

Weiteres Beispiel zur Ergänzung

Nun willst du vielleicht noch wissen, wie sich diese Werte mit der Temperatur ändern. Mit Gl. 2.7 und Gl. 2.9 hast du ja das Werkzeug schon zur Hand. Die Temperatur tritt darin zweimal auf: einmal mit einer Potenz 3/2, resultierend aus den effektiven Zustandsdichten, und zum Zweiten in der Exponentialfunktion. Gegen die Exponentialfunktion hat die Potenz 3/2 jedoch keine Chance, sodass wir darin fürs Erste den Wert bei 300 K setzen können. Damit erhalten wir:

$$n_i = 1{,}72 \cdot 10^{19} \text{ cm}^{-3} \cdot \left(\frac{T}{300 \text{ K}}\right)^{3/2} \cdot e^{-\frac{1{,}12 \text{ eV}}{2 \cdot 25{,}85 \text{ meV}}} \approx 1{,}72 \cdot 10^{19} \text{ cm}^{-3} \cdot e^{-\frac{1{,}12 \text{ eV}}{2 \cdot 25{,}85 \text{ meV}}}$$

Es ist wie so oft in der Physik: Weniger kommt es darauf an, alles perfekt zu berücksichtigen, sondern vielmehr darauf, das Passende rechtzeitig wegzulassen!

Der Rest ist jetzt nur noch Fleißarbeit. Rechne doch einmal die Konzentrationen für einige Temperaturwerte aus, zum Beispiel für T = 250, 300 und 350 K. Das kannst du sicher mit einem (programmierbaren) Taschenrechner gut machen. Zur Kontrolle hier die Ergebnisse:

250 K n_i = 8,84 · 10^7 cm^{-3} (exakt wäre 6,72 · 10^4 cm^{-3})
300 K n_i = 6,73 · 10^9 cm^{-3}
350 K n_i = 1,49 · 10^{11} cm^{-3} (exakt wäre 1,88 · 10^{11} cm^{-3})
400 K n_i = 2,32 · 10^{12} cm^{-3} (exakt wäre 1,51 · 10^{12} cm^{-3})

Rechts daneben stehen die exakten Werte, bei denen auch die Temperaturabhängigkeit von N_c und N_v mitgenommen wurde.

Eleganter wäre es mit einem guten Mathematikprogramm, zum Beispiel Excel. Ich nutze am liebsten MATLAB oder sein Freeware-Gegenstück Octave. In Abb. 2.5 habe ich mit MATLAB eine Kurve für verschiedene Temperaturen erzeugt. Probiere doch einmal, ob deine Ergebnisse auch so liegen. Vielleicht versuchst du auch, einmal selbst so eine Grafik zu erzeugen. Dazu kannst du entweder sehr viel mehr als drei Temperaturwerte berechnen oder kühn durch unsere drei Punkte eine Gerade ziehen. In Abb. 2.5 ist die Abhängigkeit halblogarithmisch dargestellt. Die berechneten Werte sind als Punkte eingetragen. Du erkennst gut, dass der Verlauf n_i über $1/T$ eine Gerade ergibt, wie es sich für eine Exponentialfunktion in halblogarithmischer Darstellung gehört. (Ich hoffe, du bist mit logarithmischen graphischen Darstellungen vertraut. Wenn nicht, dann schau bitte einmal bei Wikipedia nach. Auch Aufgabe 2.12 kann dir dabei helfen.)

Wenn du Lust hast, kannst du die Werte von n_i auch einmal für eine andere Substanz ausrechnen. Ich empfehle Diamant, weil wir davon später noch mal Gebrauch machen werden. Hier sind die Ergebnisse:

250 K n_i = 6,50 · 10^{-37} cm^{-3} (exakt wäre 8,49 · 10^{-37} cm^{-3})
300 K n_i = 1,47 · 10^{-27} cm^{-3}
350 K n_i = 7,39 · 10^{-21} cm^{-3} (exakt wäre 5,87 · 10^{-21} cm^{-3})
400 K n_i = 8,04 · 10^{-16} cm^{-3} (exakt wäre 5,22 · 10^{-16} cm^{-3})

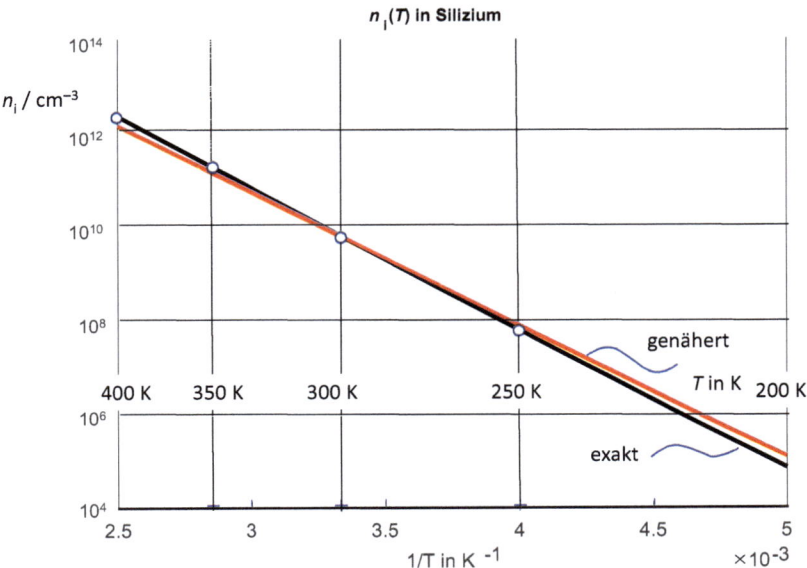

Abb. 2.5 Darstellung der intrinsischen Ladungsträgerkonzentration n in Silizium über der Temperatur (reziprok, also $1/T$). Die Zahlenwerte entsprechend der Rechnung sind durch kleine Kreise hervorgehoben. Der Anstieg in der logarithmischen Darstellung ergibt fast eine Gerade

Jetzt kannst du schon souverän mit Halbleiterparametern umgehen. Toll!

Dieser Abschnitt war wohl schon ein ziemlicher Brocken, nicht wahr? Es hilft aber nichts. Wenn du wissen willst, wie elektronische Halbleiterbauelemente funktionieren, musst du eben zunächst die Physik der Halbleiter ein bisschen verstehen. Da diese Grundlagen sehr wichtig sind, tragen wir sie später, am Ende des Kapitels, noch einmal zusammen.

2.2 Das Salz in der Suppe: Halbleiter mit Störstellen

Bisher hast du den reinen Halbleiter kennengelernt. Er vermittelt ein grundlegendes Verständnis der Materialien. Die Physiker versuchen immer zuerst, die einfachsten Situationen zu verstehen. Für elektronische Bauelemente sind reine Halbleiter jedoch überhaupt nicht geeignet. Erst das Einbringen von Störstellen,

2.2 Das Salz in der Suppe: Halbleiter mit Störstellen

Dotieren genannt, macht einen Halbleiter zu dem, was wir von ihm erwarten, nämlich zu einem Material, aus dem Bauelemente gefertigt werden können. Störstellen sind sozusagen das Salz in der Halbleitersuppe. Sie „stören" aber überhaupt nicht, sondern sind im Gegenteil höchst erwünscht und werden absichtlich hinzugefügt.

2.2.1 Donatoren und Akzeptoren

Das Einbringen von Störstellen bei der Züchtung heißt *Dotierung*. Die technisch interessantesten Störstellen besitzen ein Bindungselektron mehr oder eines weniger als das zu ersetzende Wirtsgitteratom. In der Praxis sind, je nach Halbleitertyp, Dotierungskonzentrationen von etwa 10^{14} bis 10^{20} cm^{-3} üblich. Um diese Zahlen einschätzen zu können, musst du dir in Erinnerung rufen, welche Konzentration die Atome des reinen Halbleiters besitzen. In Kap. 1 haben wir von ungefähr $5 \cdot 10^{22}$ cm^{-3} gesprochen, also von fast 10^{23} Atomen pro Kubikzentimeter. Du siehst, selbst bei einer sehr „hohen" Dotierungskonzentration von 10^{20} cm^{-3} sind die Dotierungsatome im Halbleiter immer noch sehr allein.

Dotierungen können in verschiedenen Formen auftreten:

- *Donatoren* heißen solche Atome, die ein Bindungselektron *mehr* besitzen als das Wirtsgitteratom, welches sie ersetzen. Ein Beispiel ist Phosphor in Silizium. Die Atome der V. Hauptgruppe haben fünf Valenzelektronen – im Gegensatz zum Silizium, das als Element der IV. Hauptgruppe nur vier besitzt. Dieses fünfte Valenzelektron wird zur chemischen Bindung im Kristallgitter nicht benötigt und könnte sich deshalb im Prinzip frei durch den Halbleiter bewegen. Allerdings unterliegt es ja noch der Coulomb-Anziehung durch die nicht abgesättigte Ladung des Atomkerns. In Abb. 2.6 ist das in einem ebenen Modell verdeutlicht. Du weißt aber, dass in Wirklichkeit die vier Bindungen des Siliziums in den Raum weisen.

  Beachte aber: Das zusätzliche Bindungselektron des Donators bezieht sich nur auf die Elektronen, die in der äußeren Schale vorhanden sind, nicht auf die Gesamtzahl der jeweiligen Elektronen. Beispiel: Phosphor im Germanium besitzt zwar insgesamt weniger Elektronen als Germanium, kann aber trotzdem Donator sein, denn es hat in seiner äußeren Schale fünf Elektronen, Silizium dagegen nur vier.

- *Akzeptoren* sind Atome, die ein Bindungselektron *weniger* besitzen als das zu ersetzende Wirtsgitteratom. Das fehlende, zur Bindung jedoch unbedingt erforderliche Valenzelektron wird gleichzeitig zusammen mit einem Loch erst „erschaffen". An der Gesamtladung der Störstelle ändert sich auf diese Weise nichts. Das okkupierte Elektron nimmt an der chemischen Bindung teil und steht deshalb für die Leitung nicht mehr zur Verfügung. Es gehört jetzt sozusagen fest zum Atomrumpf der Störstelle, dieser besitzt dadurch eine negative Ladung. Der „andersgeschlechtliche" Partner, das so erschaffene Loch, dagegen bewegt sich – wie umgekehrt beim Donator das Elektron – im Coulomb-Feld dieser negativen Kernladung. Ein Beispiel für einen Akzeptor im Silizium ist Bor (Abb. 2.7). Es besitzt nur drei Valenzelektronen, im Gegensatz zum Siliziumatom, welches vier Valenzelektronen hat.

Abb. 2.6 Ebenes Bindungsmodell eines Donators; hier handelt es sich um Phosphor im Silizium

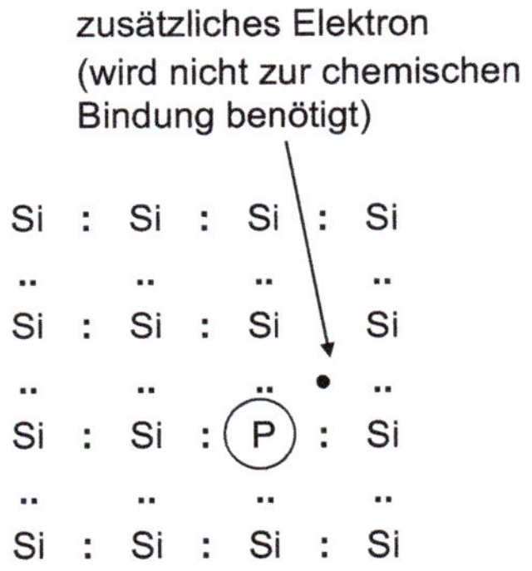

zusätzliches Elektron (wird nicht zur chemischen Bindung benötigt)

```
Si : Si : Si : Si
 ..   ..   ..   ..
Si : Si : Si   Si
 ..   ..   ..   ..
Si : Si :(P): Si
 ..   ..   ..   ..
Si : Si : Si : Si
```

Abb. 2.7 Lage von Silizium mit Borakzeptor oder Phosphordonator im Periodensystem. Die anderen Elemente der III. Hauptgruppe eignen sich prinzipiell ebenso als Akzeptoren, die Elemente der V. Hauptgruppe gleichfalls als Donatoren

III	IV	V
^{5}B	^{6}C	^{7}N
^{13}Al	^{14}Si	^{15}P
^{31}Ga	^{32}Ge	^{33}As
^{49}In	^{50}Sn	^{51}Sb
^{81}Tl	^{82}Pb	^{83}Bi

2.2 Das Salz in der Suppe: Halbleiter mit Störstellen

Einen mit Akzeptoren dotierten Halbleiter bezeichnet man als p-dotiert Der mit Donatoren ausgestattete Halbleiter heißt n-dotiert.

Viel treffendere Bezeichnungen für Donator und Akzeptor wären eigentlich „Elektronenspender" und „Lochspender". Zur Bezeichnungsweise wollen wir uns noch etwas merken: Man gibt das Elementsymbol des Dotierungselements durch einen Doppelpunkt nach der Bezeichnung für die Grundsubstanz an. Silizium, welches zum Beispiel mit dem Element Bor dotiert ist, wird durch Si:B gekennzeichnet.

In einem dotierten Halbleiter gibt es übrigens Dinge, die in der „richtigen" Physik nur sehr schwer zu erreichen sind. Zum Beispiel: Akzeptoren sind ja negativ geladen, und um sie herum kreist ein positiv geladenes Loch. Das ist fast so ähnlich wie Anti-Wasserstoff. Was in der Welt der echten Elementarteilchen gewaltige Energien erfordert, ergibt sich im Halbleiter quasi ganz nebenbei!

Es gibt noch eine Vielzahl weiterer Störstellentypen in Halbleitern: Defekte, tiefe Störstellen, isoelektronische Störstellen ... Für die Leitfähigkeit spielen sie jedoch allesamt keine wesentliche Rolle, können in etlichen Fällen allerdings tatsächlich „stören", indem sie beispielsweise den elektrischen Widerstand erhöhen oder die optische Ausbeute verringern. Wir sprechen deshalb vorerst nur über die Donatoren und Akzeptoren.

2.2.2 Ladungsträgerkonzentration bei Anwesenheit von Störstellen

In Abschn. 2.1 haben wir uns mit der Ladungsträgerkonzentration im reinen Halbleiter befasst. Hier greifen wir fürs Erste die Situation bei Donatordotierung heraus. Es ist toll, dass man das Bohr'sche Atommodell des Wasserstoffs, das die Physiker ja sehr gut kennen, auf die Donatoren übertragen kann. Ein am Donator gebundenes Elektron kreist um den positiv geladenen Donatorkern genauso wie ein Elektron um den positiven Wasserstoffkern. Nur sein Radius ist im Halbleiter viel größer und andererseits die Energie für die Bindung viel kleiner. Diese Skalierung ist bedingt durch die relative Permittivität ε des Halbleitermaterials und die effektive Masse m_e, die anstelle der „richtigen" Elektronenmasse verwendet werden muss. Das wollen wir hier nicht nachrechnen. Ich möchte aber zumindest eine Formel angeben, die die Unterschiede zum Wasserstoffatom herausstellt. In Abschn. 1.1.4 habe ich die Zahlenwerte für die Energie ($E_e = -13{,}6 \, \text{eV}$) und den Bohr'schen Radius ($a_B = 5{,}28 \cdot 10^{-11}$ m) für ein Elektron am Wasserstoff angegeben. Die folgenden Formeln sind geeignet, die entsprechenden Werte für einen Donator beziehungsweise Akzeptor zu berechnen.

Für die Bindungsenergie am Donator findet man

$$E_d = -13{,}6\,\text{eV} \cdot \frac{\left(\dfrac{m_e}{m_0}\right)}{\varepsilon^2}, \qquad (2.16)$$

du benötigst also nur die effektive Masse und die Permittivitätszahl als Skalierungsparameter. Der Bohr'sche Radius am Donator ergibt sich nach der Beziehung

$$a_d = a_B \cdot \varepsilon \cdot \left(\frac{m_0}{m_e}\right) = 5{,}28 \cdot 10^{-11}\,\text{m} \cdot \varepsilon \cdot \left(\frac{m_0}{m_e}\right) \qquad (2.17)$$

Weil stets $\varepsilon > 1$ und auch $m_0/m_e > 1$ (der Kehrwert der effektiven Masse!) stets größer als eins sind, wird dieser Radius in Halbleitern wesentlich größer sein als der im Wasserstoff, a_B. Bei der Energie ist es ebenso offensichtlich: Oben im Zähler steht die effektive Masse in der Form $m_e/m_0 < 1$, unten im Nenner das Quadrat einer ziemlich großen Zahl; demnach erwarten wir Donator- oder Akzeptorbindungsenergien, die ziemlich klein sind. Hiermit berechnete Zahlenwerte der Donator- und Akzeptorbindungsenergie einiger Halbleiter findest du in Tab. 2.4.

Die Energiezustände solcher Donatorelektronen liegen übrigens dicht unter dem Leitungsbandrand, wie es in Abb. 2.8 dargestellt ist. Beim Silizium beträgt die Bindungsenergie laut Theorie 33,5 meV für den Donator und 60 meV für den Akzeptor. Die tatsächlichen, also gemessenen Werte unterscheiden sich jedoch davon; im Silizium sind es zum Beispiel etwa 40 meV für Donatoren. Vergleiche das aber mit der Bindungsenergie des Elektrons am Wasserstoffatom, sie beträgt dort 13,6 eV!

Tab. 2.4 Beispiele für Bindungsenergien von Donatoren und Akzeptoren. (Nach Madelung 1966; Yu und Cardona 1996 Shur 1990)

	Eingangsdaten		Berechnete Werte		Experimentelle Werte
Störstelle	ε	Effektive Masse	Bohr'scher Radius (berechnet)	Bindungsenergie (berechnet)	Bindungsenergie (experimentell)
Si-Donator	11,4	Elektronen: $m_e/m_0 = 0{,}32$	$a_d = 1{,}88 \cdot 10^{-7}$ cm (= 1,88 nm)	$E_d = 33{,}5$ meV	$E_d = 43 \ldots 54$ meV
Si-Akzeptor		Löcher: $m_h/m_0 = 0{,}578$	$a_a = 1{,}06 \cdot 10^{-7}$ cm (= 1,06 nm)	$E_a = 59{,}7$ meV	$E_a = 44 \ldots 73$ meV
GaAs-Donator	12,4	Elektronen: $m_e/m_0 = 0{,}0665$	$a_d = 9{,}9 \cdot 10^{-7}$ cm (= 9,9 nm)	$E_d = 5{,}8$ meV	$E_d = 5{,}8$ meV

2.2 Das Salz in der Suppe: Halbleiter mit Störstellen 51

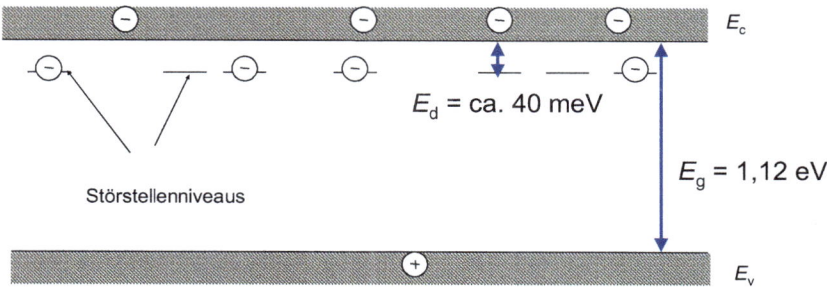

Abb. 2.8 Lage der Donatorniveaus unterhalb des Leitungsbandes (hier teilweise mit Elektronen besetzt). Schematisch. Die Zahlenwerte gelten für Silizium

Vergleiche auch einmal die Radien: Der Donator hat einen Radius von ca. 2 nm, während der Radius eines einzelnen Siliziumatoms nur bei ungefähr 0,12 nm liegt, also weit darunter!

Die Bandlücke im Silizium ist, wie du in der Abbildung sehen kannst, um einiges größer als die Störstellenbindungsenergie, nämlich $E_g = 1{,}12$ eV gegenüber den ca. 40 meV. Deshalb liegen die Störstellenniveaus nur geringfügig unter (bei Donatoren) beziehungsweise geringfügig oberhalb des zugehörigen Bandes (bei Akzeptoren).

So wie beim Wasserstoff das Elektron von seinem Atomkern getrennt werden kann, so ist das auch beim Donator möglich. Nur sind dafür bereits viel kleinere Energien ausreichend. Wie bei einem Wasserstoffatom kann also auch hier das Elektron von der Umarmung durch die Störstelle gelöst werden. Es bewegt sich dann im Leitungsband frei durch den ganzen Kristall. Tatsächlich genügt dazu in den meisten Halbleitern bereits die Zimmertemperatur, entsprechend 25,85 meV. Dann erhöhen die zusätzlichen Elektronen die Zahl der ursprünglichen Leitungselektronen unter Umständen um viele Größenordnungen. In erster Näherung würden wir sogar $n = N_D$ erwarten, wenn wir die Donatorkonzentration mit N_D bezeichnen.

Für einen Akzeptor gilt das, was wir für den Donator gesagt haben, auch hier: In akzeptordotiertem Material können sich bei vernünftigen Temperaturen die Löcher alle frei im Valenzband bewegen.

Beides zusammen funktioniert übrigens nicht: Wenn ein Halbleiter sowohl mit Donatoren als auch mit Akzeptoren dotiert würde, dann würden sich die Elektronen und Löcher, soweit möglich, gegenseitig auffressen, und es würde nur noch ihre Differenz zurückbleiben. Deshalb tut man solcherlei nicht absichtlich.

Bei tieferen Temperaturen kann allerdings ein Teil der Elektronen (oder Löcher) auch an ihren Störstellen festgehalten werden. Was „tief" ist, kann von Halbleiter

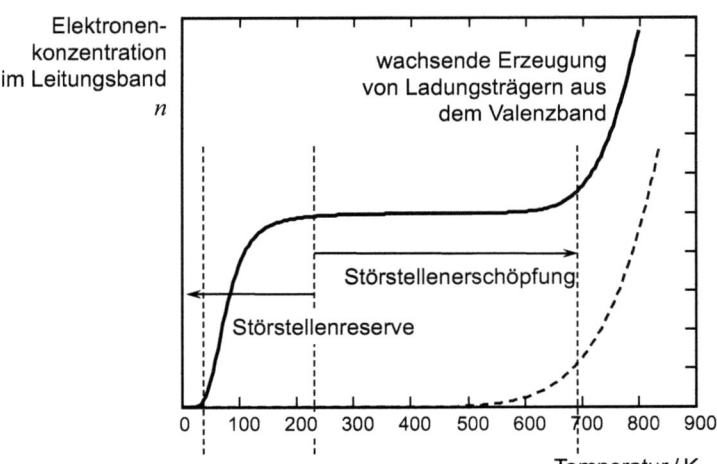

Abb. 2.9 Abhängigkeit der Elektronenkonzentration von der Temperatur (Prinzip)

zu Halbleiter unterschiedlich sein. Ich möchte das für die Elektronen deutlich machen: Bei extrem tiefen Temperaturen werden alle an ihren Donatoren gebunden. Bei Temperaturerhöhung werden sich in einem Übergangsbereich einige an der Störstelle, andere schon im Band befinden. Dieser Bereich heißt *Störstellenreserve* – es stehen noch einige Ladungsträger als „Reserve" bereit. Bei Temperatursensoren auf Halbleiterbasis ist genau dieser Bereich interessant, denn man kann dadurch Temperaturänderungen sehr empfindlich nachweisen. Für die meisten anderen Bauelemente ist das jedoch eher unerwünscht, sie sollten möglichst keine Temperaturabhängigkeit aufweisen.

Bei höheren Temperaturen folgt der Bereich der *Störstellenerschöpfung* – die Störstellen können keine weiteren Ladungsträger mehr ins Band nachliefern, deshalb ist dort die Ladungsträgerkonzentration weitgehend konstant. Bei sehr hohen Temperaturen kommen noch weitere Elektronen hinzu, die aus dem Valenzband angehoben werden. In Abb. 2.9 sind diese drei Bereiche gekennzeichnet.

Die Fermi-Energie, also diejenige Energie, die etwa die Besetzungsgrenze in einem Halbleiter kennzeichnet, liegt übrigens im Temperaturbereich der Störstellenerschöpfung nahe dem Leitungsband, wenn es sich um Donatordotierung

2.2 Das Salz in der Suppe: Halbleiter mit Störstellen

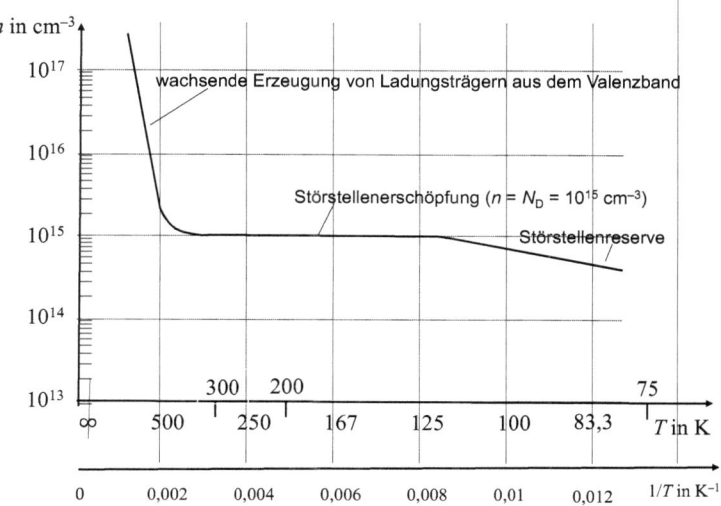

Abb. 2.10 Elektronenkonzentration über der (reziproken) Temperatur in Silizium bei einer Donatordotierung von 10^{15} cm^{-3}. Achte darauf: In dieser Darstellung stehen die tiefen Temperaturen rechts, die hohen links. (Nach Singh 1994, Fig. 3.8).

handelt. Ist der Halbleiter dagegen mit Akzeptoren dotiert, liegt die Fermi-Energie – du ahnst es schon – nahe dem Valenzband. Im undotierten Halbleiter finden wir sie dagegen etwa bei

$$E_\mathrm{F} \approx \frac{E_\mathrm{c} + E_\mathrm{v}}{2},$$

also in der Mitte der Bandlücke. Das wollen wir hier aber nicht beweisen.

Ergänzung
Es lohnt sich jetzt einmal, die Konzentration der freien Ladungsträger über der *reziproken* Temperatur darzustellen (Abb. 2.10). Warum? Das ist sinnvoll, weil man aus experimentellen Daten, die so aufgetragen werden, die Bindungsenergie der Elektronen ermitteln kann. Die Elektronenkonzentration n hat nämlich im Bereich der Störstellenreserve die exponentielle Abhängigkeit $n = a \cdot \exp(-E_\mathrm{d}/2k_\mathrm{B}T)$. Das ist analog zur bereits bekannten früheren Formel $n = c \cdot \exp(-E_\mathrm{g}/2k_\mathrm{B}T)$, welche bei hohen Temperaturen gilt. In beiden Formeln steht die Temperatur im Nenner des Exponenten. Deshalb ist eine grafische Auftragung über $1/T$ sinnvoll.

Du erkennst die Analogie: Elektronen, die aus dem Valenzband kommen, benötigen die Aktivierungsenergie E_g, und solche, die aus Störstellenniveaus kommen, die Aktivierungsenergie E_e, die viel kleiner ist. Das nachzurechnen, verlagern wir aber lieber auf die online verfügbaren Übungen, Aufgabe 2.13. Du musst das dort nicht allein tun – keine Angst, wir machen das gemeinsam. In dieser Übung werden wir versuchen, die Aktivierungsenergien aus Abb. 2.10 herauszulesen.

Du bist nun mit einem hoffentlich hinreichenden Wissen über den „reinen" und den mit Störstellen dotierten Halbleiter ausgerüstet. Dann können wir ja im nächsten Kapitel übergehen zu den Voraussetzungen, die mit einem Stromfluss zu tun haben.

2.3 Zusammenfassung zu Kapitel 2

Im Halbleiter gibt es *Elektronen* und *Löcher*, gemäß dem Modell des Elektronengases sind sie *Quasiteilchen*. Beachte, dass du beide als reale Teilchen ansehen kannst. Worin unterscheiden sie sich?

- In welchem Band? ⇨ Elektronen im Leitungsband, Löcher im Valenzband
- Stromrichtung? ⇨ Elektronen entgegen der technischen Stromrichtung, Löcher in technischer Stromrichtung
- Energiezählung? ⇨ Bei Elektronen nach oben, bei Löchern nach unten:

$$E_e = \frac{p^2}{2m_e} = \frac{m_e v^2}{2}, \quad E_h = \frac{p^2}{2m_h} = \frac{m_h v^2}{2}$$

Durch folgende Parameter lassen sich die Eigenschaften der Elektronen im Leitungsband und der Löcher im Valenzband ziemlich gut beschreiben:

- die effektiven Massen m_e und m_h
- die Permittivität des Materials ε
- die Zahl der Leitungsbandminima v_c (aber *nur ein* Valenzband, $v_h = 1$). Diese Minima beziehen sich auf unterschiedliche Grundimpulse der jeweiligen, räumlich identischen Bänder
- die Breite der Bandlücke (Bandabstand oder Bandgap) E_g

Berechnungsschema für Teilchenkonzentration (hier am Beispiel der Elektronen):

2.3 Zusammenfassung zu Kapitel 2

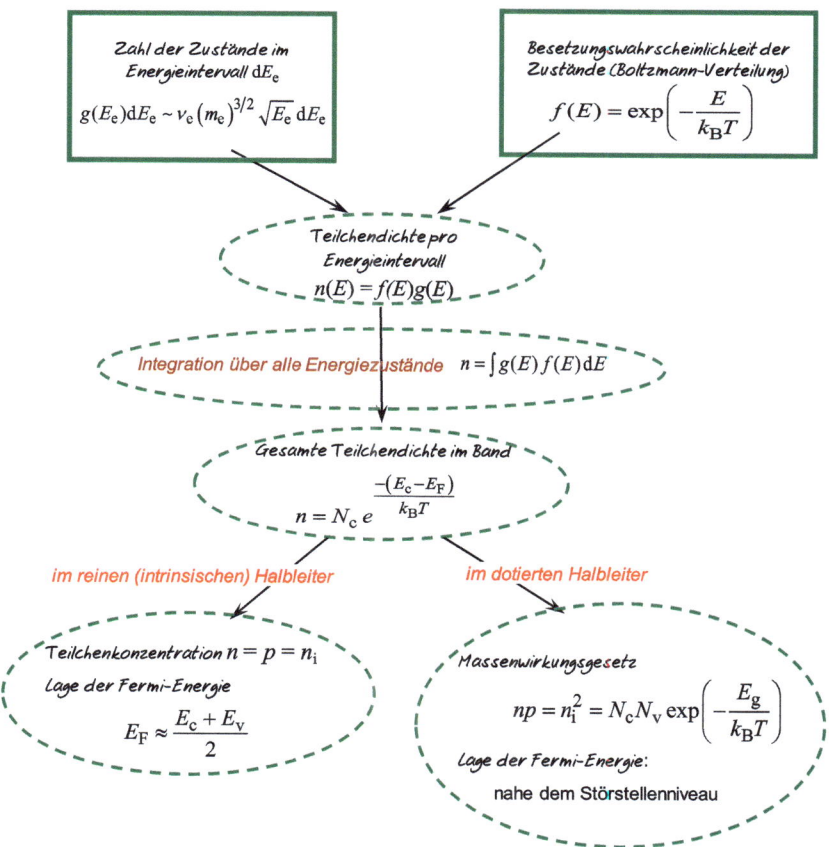

N_c und N_v sind die effektive Leitungsband- beziehungsweise Valenzbandkonzentration.

Massenwirkungsgesetz $n \cdot p = n_i^2 = $ const : Je größer n, desto kleiner wird p und umgekehrt.

Einige Zahlenwerte für Silizium:

- Bandlücke: $E_g = 1{,}12$ eV, also etwas mehr als ein Elektronenvolt
- Permittivität: $\varepsilon \approx 11$
- Effektive Massen von Elektronen und Löchern wenig kleiner als eins (bezogen auf die tatsächliche Elektronenmasse)

- Sechs Leitungsbandminima: $\nu_e = 6$
- Intrinsische Ladungsträgerkonzentration: $n_i \approx 10^{10} \text{cm}^{-3}$

Störstellen

- *Donatoren:* Atome, die ein Bindungselektron *mehr* besitzen als das zu ersetzende Wirtsgitteratom, also zum Beispiel Phosphor in Silizium
- *Akzeptoren:* Atome, die ein Bindungselektron *weniger* besitzen als das zu ersetzende Wirtsgitteratom. Beispiel: Bor im Silizium
- Donatordotierter Halbleiter: n-dotiert
  Akzeptordotierter Halbleiter: p-dotiert
- Als Hilfe kannst du das Periodensystem nutzen, hier ein Ausschnitt:

III	IV	V
^{5}B	^{6}C	^{7}N
^{13}Al	^{14}Si	^{15}P
^{31}Ga	^{32}Ge	^{33}As
^{49}In	^{50}Sn	^{51}Sb
^{81}Tl	^{82}Pb	^{83}Bi

Energiezustände der Störstellen: Dicht unter dem Leitungsbandrand beziehungsweise dicht über dem Valenzbandrand (im Silizium ca. 40 meV für den Donator und 60 meV für den Akzeptor)

Bohr'sche Radien: Am Donator im Silizium ca. 2 nm, am Akzeptor ca. 1 nm
Skizze zur Veranschaulichung der energetischen Verhältnisse:

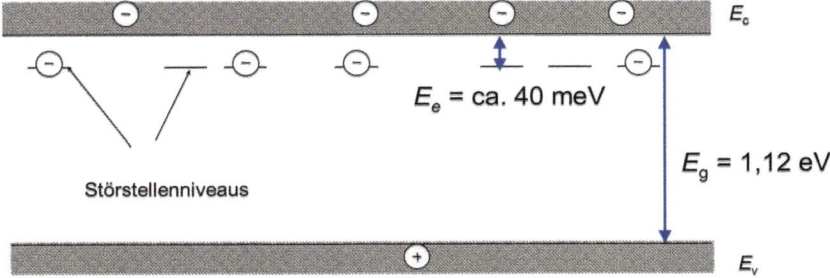

Bei Zimmertemperatur sind in der Regel alle Elektronen (alle Löcher) im jeweiligen Band.

Ladungsträgerkonzentration bei verschiedenen Temperaturen:

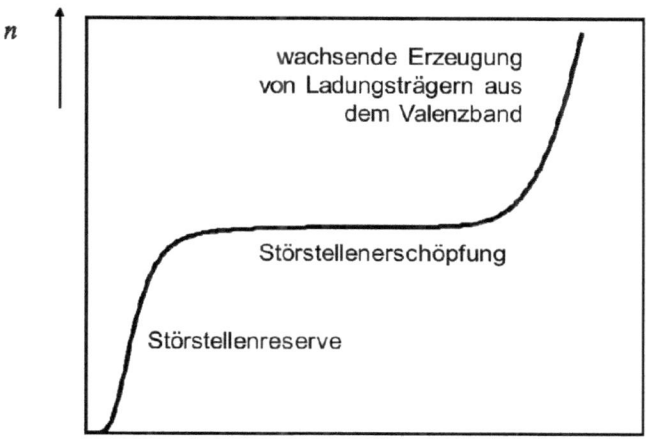

Literatur

Madelung O (1966) Semiconductors – basic data. Springer, Heidelberg
Powell AR, Roland LB (2002), SiC materials-progress, status, and potential roadblocks. Proc IEEE 90:942
Shur M (1990) Physics of semiconductor devices. Prentice Hall, Englewood Cliffs
Singh J (1994) Semiconductor devices. McGraw-Hill, New York
Yu PY, Cardona M (1996) Fundamentals of semiconductors. Springer, Berlin, S 346

Ströme in Halbleitern

3

Nachdem du nun weißt, wie viele Ladungsträger sich in einem Halbleiter befinden, kannst du herausfinden, wie sie zum Strom beitragen. Als Ursache für einen elektrischen Strom wird im Allgemeinen ein an den Endpunkten des Leiters angelegtes elektrisches Feld angesehen. Der dadurch fließende Strom heißt *Feldstrom* oder auch *Driftstrom*; eine im Mittel gleichförmige Bewegung von Teilchen in einer Richtung bezeichnet man nämlich als Drift. Es gibt aber noch eine zweite Sorte Strom, den Diffusionsstrom. Beide sind in Halbleitern wichtig. Doch beginnen wir mit dem Feldstrom.

3.1 Altbekannt: Das Ohm'sche Gesetz

Wie bitte? Das Ohm'sche Gesetz kennst du doch schon lange – was soll hier eine weitere Diskussion bringen? Tatsächlich müssen wir es uns noch einmal genauer anschauen, denn wir wollen es für mikroskopische Überlegungen salonfähig machen.

Die elektrische Spannung U ist die Ursache für das Fließen eines Stroms I. In vielen Leitermaterialien wird dieser Stromfluss makroskopisch eben durch das *Ohm'sche Gesetz* beschrieben: Für einen geraden Leiter der Länge l mit konstantem Querschnitt A ist

$$I = \frac{1}{R}U = G \cdot U \tag{3.1}$$

Ergänzende Information Die elektronische Version dieses Kapitels enthält Zusatzmaterial, auf das über folgenden Link zugegriffen werden kann [https://doi.org/10.1007/978-3-662-70541-4_3].

© Der/die Autor(en), exklusiv lizenziert an Springer-Verlag GmbH, DE, ein Teil von Springer Nature 2025
F. Thuselt, *Halbleiterphysik leicht verständlich*,
https://doi.org/10.1007/978-3-662-70541-4_3

Darin werden die Leitereigenschaften durch den Ohm'schen Widerstand R beziehungsweise den Leitwert G charakterisiert. Bei dieser Schreibweise steht auf der rechten Seite die Ursache, nämlich die Spannung U, und links der resultierende Stromfluss I.

Den Leitwert eines Materials können wir durch seine spezifische Leitfähigkeit σ sowie die Länge l und die Querschnittsfläche A des Leiters ausdrücken. Die Leitfähigkeit ist der Kehrwert des spezifischen Widerstands, $\sigma = 1/\rho$. Den Widerstand können wir über $R = \rho \cdot l/A$ durch den spezifischen Widerstand ersetzen, der von der Geometrie nicht mehr abhängt. Entsprechend lässt sich der Leitwert G durch die spezifische Größe σ ausdrücken: $G = A \cdot \sigma \cdot l$.

Wir erhalten:

$$I = \frac{A\sigma}{l} U \tag{3.2}$$

Da wir für die Leitfähigkeit eine spezifische Größe σ eingeführt haben, ist es ratsam, nun auch statt des makroskopischen Stroms die Stromdichte $j = I/A$ als spezifische Größe zu benutzen. (Achtung, der Ausdruck „Dichte" bezieht sich bei einem Strom immer auf die Querschnittsfläche, nicht auf das Volumen!) Anstelle der außen anliegenden Spannung wählen wir die im Inneren herrschende elektrische Feldstärke $\mathcal{E} = U/l$ und bekommen anstelle von Gl. (3.1) jetzt

$$j = \sigma \mathcal{E}. \tag{3.3}$$

Um das Formelzeichen von dem der Energie zu unterscheiden, kennzeichnen wir die elektrische Feldstärke durch ein Zierschrift-$\mathcal{E}$.

Diese Gleichung sieht nur auf den ersten Blick anders aus, es ist aber immer noch das Ohm'sche Gesetz. In dieser Form ist es sogar allgemeiner anwendbar, denn es bezieht sich auf eine bestimmte Stelle im Leiter, während es in der vorherigen makroskopischen Form nur für ein ganzes Leiterstück mit überall gleichen Eigenschaften gilt.

In einem Halbleiter haben wir es prinzipiell mit zwei Sorten von Ladungsträgern zu tun, dementsprechend gibt es auch zwei Stromanteile: den *Elektronenstrom* und den *Löcherstrom*, in unserer Darstellung also

$$j_e = \sigma_e \mathcal{E} \text{ und } j_h = \sigma_h \mathcal{E} \tag{3.4}$$

3.1.1 Der Strom im Mikroskopischen – Metalle und Halbleiter

Bleiben wir von nun an bei der mikroskopischen Form des Ohm'schen Gesetzes. Ich habe erwähnt, dass die mittlere Geschwindigkeit der Ladungsträger durch die Balance zwischen elektrischem Feld und dem oben erwähnten „Bremseffekt" infolge der Stöße entsteht. Um herauszufinden, wie diese mittlere Geschwindigkeit mit der soeben eingeführten (Feld-)Stromdichte zusammenhängt, schau doch einmal auf Abb. 3.1.

Die Elektronen bewegen sich im Mittel mit der Geschwindigkeit v_d durch das Material. Diese Geschwindigkeit heißt *Driftgeschwindigkeit*, der Index „d" weist darauf hin. Wie weit gelangen die Elektronen in einer bestimmten Zeiteinheit $\mathrm{d}t$? Durch die Querschnittsfläche A des in Abb. 3.1 dargestellten Leiterstückes strömen in dieser Zeiteinheit $\mathrm{d}t$ genau $\mathrm{d}N$ Elektronen. Jedes Elektron trägt eine negative Elementarladung $-e$, somit fließt mit den $\mathrm{d}N$ Elektronen die Gesamtladung $\mathrm{d}Q = -e\,\mathrm{d}N = -enAv_\mathrm{d}\mathrm{d}t$ durch das Volumenelement; sie füllt das Volumen $\mathrm{d}V = Av_\mathrm{d}\mathrm{d}t$ aus. Diejenigen Elektronen, die zu einem bestimmten Zeitpunkt links hineingelangt waren, befinden sich nach der Zeit $\mathrm{d}t$ wegen $\mathrm{d}l = -v_\mathrm{d}\mathrm{d}t$ gerade am rechten Ende. Damit ergibt sich nun für ihre Stromdichte

$$j = \frac{1}{A}\frac{\mathrm{d}Q}{\mathrm{d}t} = \frac{\mathrm{d}}{\mathrm{d}t}\left(-\frac{1}{A}enAv_\mathrm{d}\mathrm{d}t\right) = -env_\mathrm{d}. \quad (3.5)$$

Der Querschnitt A und die Zeiteinheit $\mathrm{d}t$ haben sich herausgekürzt.

Wenn sich die Elektronen von links nach rechts bewegen, „fließt" der elektrische Strom von rechts nach links, entsprechend der technischen Stromrichtung. Damit haben wir nun die Stromdichte mithilfe der Driftgeschwindigkeit und der Ladungsträgerkonzentration geschrieben.

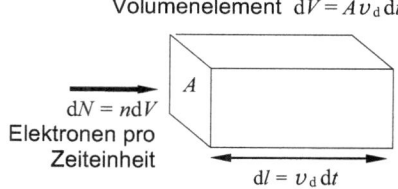

Abb. 3.1 Zur Ableitung der Driftgeschwindigkeit. Dass wir hier einen rechteckigen Querschnitt nehmen, ist willkürlich. Die Überlegungen würden sich für einen kreisförmigen oder beliebigen anderen Querschnitt nicht ändern

Jetzt haben wir zwei Ausdrücke für die Stromdichte j gefunden. Durch Gleichsetzen rechten Seiten von Gl. 3.5 mit Gl. 3.3 können wir die Driftgeschwindigkeit v_d mit der elektrischen Feldstärke und der Leitfähigkeit der Ladungsträger in Verbindung bringen:

$$-env_\text{d} = \sigma\mathscr{E}. \tag{3.6}$$

Diese Gleichung – sie gilt gleichermaßen für den Strom in Metallen und für den Elektronenstrom in Halbleitern – erlaubt es, die Driftgeschwindigkeit zu bestimmen. Die Feldstärke und die Leitfähigkeit im Leiter kann man messen (die Größe der Elementarladung ist ja sowieso bekannt), aber in Metallen hat man mit der Elektronenkonzentration Schwierigkeiten. Dort nimmt man in der Regel an, dass etwa ein Elektron pro Atom zur Leitfähigkeit beiträgt. Die anderen Elektronen werden dagegen für die chemische Bindung benötigt. Im Halbleiter haben wir ja die Zahl oder, besser gesagt, die Konzentration der Elektronen im Leitungsband schon berechnet. S omit ergibt sich für uns hier die Möglichkeit, etwas Genaueres über die Driftgeschwindigkeit auszusagen. Wir finden

$$v_\text{d} = -\frac{\sigma}{en}\mathscr{E}, \tag{3.7}$$

Der Proportionalitätsfaktor zwischen der elektrischen Feldstärke $\mathscr{E}$ und der Driftgeschwindigkeit v_d in dieser Gleichung heißt *Beweglichkeit* (engl. *mobility*) und wird mit dem Symbol μ („my") bezeichnet:

$$v_\text{d} = -\mu\mathscr{E}. \tag{3.8}$$

Die Beweglichkeit drückt aus, wie stark die Elektronen im Material gebremst werden oder, positiv formuliert, wie flott sie durch den Leiter kommen. Die Ursache für das Bremsen liegt einmal in Schwingungen der Gitteratome, die umso stärker werden, je höher die Temperatur ist, und zum anderen in Stößen mit Fremdatomen (Störstellen) im Material, die sich den Elektronen in den Weg stellen. Mit den Atomen des Grundgitters kommen die Ladungsträger nämlich zurecht. Dieser Einfluss wurde bereits mit der effektiven Masse pauschal erfasst, wie du dich erinnerst.

Beim Gleichsetzen von Gl. 3.7 und Gl. 3.8 fällt die Driftgeschwindigkeit heraus, und auch die Feldstärke kürzt sich weg. Schließlich bleibt noch ein Zusammenhang zwischen Beweglichkeit μ, Teilchenkonzentration n und Leitfähigkeit σ übrig:

3.1 Altbekannt: Das Ohm'sche Gesetz

$$\sigma = e\mu n \quad (3.9)$$

Diese Darstellung der Leitfähigkeit mithilfe von n und μ ist in der Mikrophysik praktisch, weil beide Größen ermittelt werden können. Damit erhalten wir schließlich für den Feldstrom der Elektronen den Ausdruck

$$j_e(x) = \sigma_e(x)\mathscr{E}(x) = e\mu_e n(x)\mathscr{E}(x) \quad (3.10)$$

und analog ergibt sich für die Löcher

$$j_h(x) = \sigma_h(x)\mathscr{E}(x) = e\mu_h p(x)\mathscr{E}(x) \quad (3.11)$$

σ hängt also von zwei wichtigen Größen ab: von der jeweiligen Ladungsträgerkonzentration n und von der Beweglichkeit μ.

Der Strom folgt damit dem folgenden anschaulichen Gesetz:

> Strom(dichte) = Materialkonstante × treibende Kraft

Der Ausdruck „Kraft" ist hier nicht im mechanischen Sinne zu verstehen, sondern weist auf die Ursache des Flusses hin.

Reden wir zum Vergleich zuerst einmal über Metalle: Du erinnerst dich sicher, dass sich in einem Kubikzentimeter etwa 10^{23} Atome befinden; das haben wir früher schon einmal überschlagen. Folglich ist auch $n \approx 10^{23}$ cm^{-3}, und übrigens: Selbst wenn es doppelt oder dreimal so viele wären – die Größenordnung bleibt trotzdem die gleiche!

Zahlenbeispiel für Metalle

Um zu einem Zahlenbeispiel für die Beweglichkeit in Metallen zu kommen, betrachten wir das Leitermaterial Kupfer. Wir gehen von Zimmertemperatur aus. Die Konzentration der freien Elektronen in diesem Material wird mit $n = 8{,}47 \cdot 10^{22}$ cm^{-3} angegeben. Das entspricht nahezu unserem eben abgeschätzten Wert. Aus dem gemessenen spezifischen Widerstand von Kupfer $\rho = 1{,}7 \cdot 10^{-6}$ Ω cm finden wir mit $e = 1{,}602 \cdot 10^{-19}$ As für μ folgendes Ergebnis:

$$\mu = \frac{\sigma}{en} = \frac{1}{e\rho n} = \frac{1}{1{,}602 \cdot 10^{-19} \cdot \left(1{,}7 \cdot 10^{-6} \ \Omega \ \text{cm As}\right) \cdot \left(8{,}47 \cdot 10^{22} \text{cm}^{-3}\right)} =$$

$$= \frac{1}{2{,}307 \cdot 10^{-2}} \frac{\text{A}}{\Omega \text{cm}^{-2}\text{s}} = 43{,}35 \frac{\text{cm}^2}{\text{Vs}}$$

In Metallen ist die Ladungsträgerkonzentration konstant, die Beweglichkeit sinkt jedoch mit wachsender Temperatur. In Halbleitern ändert sich zusätzlich auch die Ladungsträgerkonzentration mit der Temperatur, und zwar ist sie in einigen Bereichen gegenläufig zum Verhalten von μ. Das wird uns gleich beschäftigen.

3.1.2 Die Leitfähigkeit in Halbleitern

Zum Feldstrom in Metallen haben wir bereits im vorigen Abschnitt etwas gesagt. In Halbleitern gelten diese Überlegungen prinzipiell auch, nur haben wir hier, wie schon gesagt, neben den Elektronen im Leitungsband zusätzlich die Löcher im Valenzband zu berücksichtigen. Für die Löcher wäre die Herleitung sogar einfacher als für die Elektronen – sie fließen ja als positive Teilchen in technischer Stromrichtung. Es gibt folglich auch zwei Beiträge zur Leitfähigkeit, nämlich

$$\sigma_e = e\mu_e n \quad \text{und} \quad \sigma_h = e\mu_h p, \tag{3.12}$$

Die Beweglichkeiten der Elektronen und der Löcher sind in der Regel nicht gleich. Entsprechend gibt es auch zwei unterschiedliche Driftgeschwindigkeiten v_e und v_h. In Tab. 3.1 sind einige Beispiele für Beweglichkeiten verschiedener Substanzen aufgeführt. Dabei handelt es sich aber nur um Orientierungswerte, tatsächlich hängen die Beweglichkeiten noch von der Temperatur und der Störstellenkonzentration ab.

Über solch hohe Werte der Beweglichkeit könnten die Metallphysiker nur neidisch werden. Aber leider bringt es nichts für den spezifischen Widerstand der Halbleiter, denn wegen $\sigma = e\mu_e n$ schlägt die viel niedrigere Ladungsträgerkonzentration sehr negativ zu Buche. Und würden wir diese erhöhen, dann würde

Tab 3.1 Beispielwerte für Beweglichkeiten (sofern einigermaßen sicher bekannt)

Material	μ_e in cm^2 V^{-1} s^{-1} (Elektronen)	μ_h in cm^2 V^{-1} s^{-1} (Löcher)
Silizium, niedrig dotiert	1340	460
Silizium, hoch dotiert	100–200	65–140
Galliumarsenid	8500	400
Indiumantimonid	60.000	–
Graphen (interessant für spätere Überlegungen, Kap. 7)	10.000–200.000	–
Metalle	ca. 50	–

3.1 Altbekannt: Das Ohm'sche Gesetz

die Beweglichkeit auch wieder sinken, wie du aus der zweiten Zeile in Tab. 3.1 leicht erkennen kannst.

Lass uns doch dazu gleich ein Beispiel rechnen.

Beispiel

In einem Siliziumschaltkreis soll eine leitende Halbleiterschicht (Querschnittsfläche 2 µm², Dotierungskonzentration $N_D = 10^{14}$ cm^{-3}) durch Ätzen auf eine solche Länge verkürzt werden, dass ein Widerstand von 100 kΩ entsteht. Wie lang muss der Streifen dann sein? Dazu kannst du wie häufig annehmen, dass bei Zimmertemperatur alle Störstellen ionisiert sind.

Dazu berechnen wir zuerst die Leitfähigkeit bei dieser Störstellenkonzentration. Die Angabe N_D weist darauf hin, dass die Störstellen Donatoren sind, folglich handelt es sich um Elektronenleitung. Wir nehmen als Beweglichkeit den Wert $\mu_e = 1340$ cm²/Vs an. Dann finden wir das Ergebnis doch ganz schnell:

$$\sigma = e\mu_e n = 1{,}602 \cdot 10^{-19} \text{As} \cdot 10^{14} \text{cm}^{-3} \cdot 1358 \text{ cm}^2\text{V}^{-1}\text{s}^{-1} = 2{,}176 \cdot 10^{-2} \text{ } \Omega^{-1}\text{cm}^{-1}.$$

Vergleiche das einmal mit der wesentlich höheren oben angegebenen Leitfähigkeit für Kupfer von

$$\sigma = \frac{1}{\rho} = \frac{1}{1{,}7 \cdot 10^{-6} \text{ } \Omega \text{ cm}} = 5{,}88 \cdot 10^5 \text{A}/(\text{Vcm})$$

Nun noch zur Aufgabenstellung zurück: Damit ein Widerstand $R = 100$ kΩ erreicht wird, muss bei einer Fläche von 2 µm² die Länge $l = R\sigma A = 10^5$ Ω · 2,176 · 10^{-2} Ω^{-1}cm^{-1} · 2 µm² = 0,435 µm betragen.

In Metallen verringert sich die Beweglichkeit mit wachsender Temperatur, die Elektronenkonzentration ist jedoch temperatur*un*abhängig. Das ist bei den Halbleitern grundsätzlich anders. Auch hier wird die Beweglichkeit kleiner, je stärker die Temperatur wächst, bedingt durch ein stärkeres Bremsen infolge von größeren Gitterschwingungen. Daneben jedoch kann sich aber auch die Zahl der Ladungsträger mit der Temperatur verändern. Dies ist dann der Fall, wenn die Störstellen (Donatoren oder Akzeptoren) ihre Elektronen beziehungsweise Löcher noch nicht komplett an das zugehörige Band abgegeben haben. Das hast du bereits im Abschnitt 2.2.2 unter dem Begriff „Störstellenreserve" (im linken Bereich von Abb. 2.9) gesehen. Dies hat dort gerade einen Anstieg der Leitfähigkeit zur Folge, der in der Regel sogar deutlich stärker zu Buche schlägt als ihr Abfall infolge sinkender Beweglichkeit. Das habe ich in Abb. 3.2a skizziert. Wie schon in Abb. 2.10 gezeigt, werden solche Abhängigkeiten gern über der reziproken Temperatur $1/T$ dargestellt – in dieser Abbildung wird die Temperatur also nach *links* hin höher.

Wenn du jetzt die Richtungen der Koordinatenachsen einfach umkehrst, also nach rechts die Temperatur anstelle der reziproken Temperatur aufträgst und nach oben den spezifischen Widerstand anstelle der Leitfähigkeit, dann bekommst du –

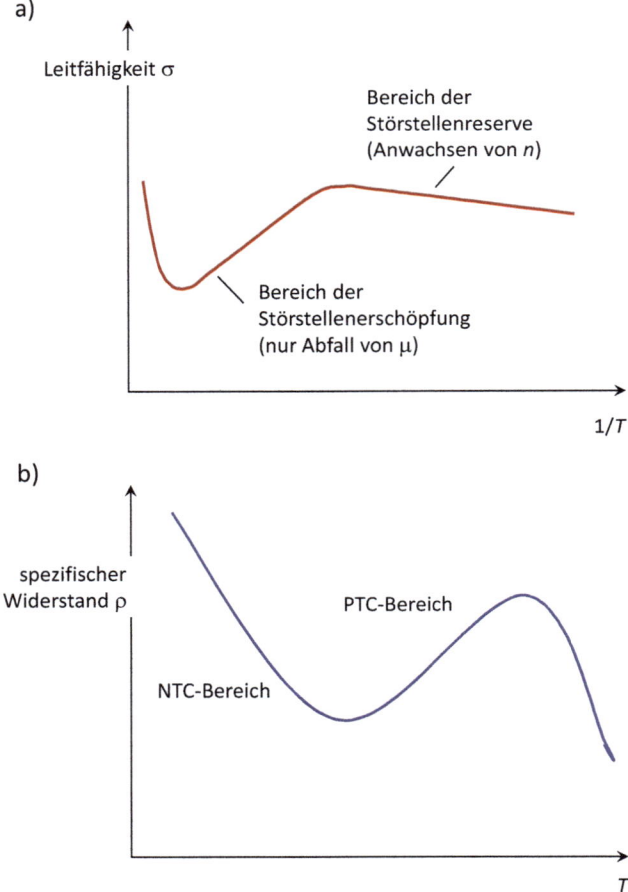

Abb. 3.2 a Temperaturabhängigkeit der Leitfähigkeit in einem typischen Halbleitermaterial (über $1/T$), **b** Temperaturabhängigkeit des spezifischen Widerstands (über T) (prinzipieller Verlauf)

natürlich nur ganz schematisch – eine Darstellung $\rho = \rho(T)$, wie es in Abb. 3.2b gezeigt ist. Dort kannst du auch zwei wichtige Anwendungen von Halbleitern in der Messtechnik erkennen, nämlich einen Bereich, in dem sich der Widerstand mit wachsender Temperatur erhöht (PTC, *positive temperature coefficient*), und einen Bereich, in welchem der Widerstand mit wachsender Temperatur sinkt (NTC, *negative temperature coefficient*). Beide Prinzipien finden Anwendungen in Widerstandsbauelementen.

3.2 Ein weiterer Strom: Der Diffusionsstrom in Halbleitern

Neben dem Feldstrom, mit dem du dich ja gerade befasst hast, gibt es noch den bereits zu Beginn dieses Kapitels erwähnten *Diffusionsstrom*. Zur Bilanz der Ladungsträger in einem bestimmten Raumbereich können durchaus beide Stromanteile beitragen.

Diffusion tritt immer infolge von Konzentrationsunterschieden auf; sie äußert sich in einer Bewegung von Teilchen aus Gebieten hoher Konzentration zu Gebieten niedrigerer Konzentration und ist nicht an elektrische Eigenschaften gebunden, also nicht auf Elektronen oder Löcher beschränkt. Diffusion tritt prinzipiell auch bei ungeladenen Teilchen auf, zum Beispiel bei Gasmolekülen in der Luft. Da jedoch Elektronen und Löcher elektrisch geladen sind, tragen sie auf diese Weise immer auch zu einem Ladungsstrom, also zu einem elektrischen Strom, bei.

In Abb. 3.3 ist schematisch eine Situation dargestellt, die zur Diffusion führt. Im linken Raumbereich ist die Teilchenkonzentration höher als im rechten. Dadurch werden die Teilchen veranlasst, nach rechts zu strömen und diesen Unterschied auszugleichen. Wir haben es dann mit einem Strömungsvorgang zu tun, der ähnlich

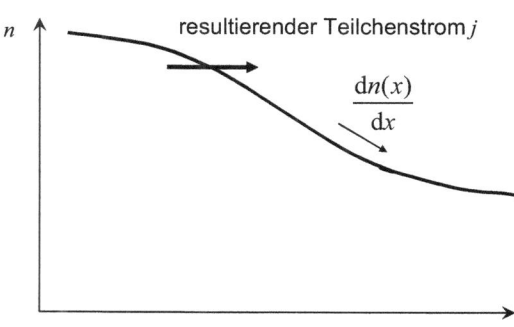

Abb. 3.3 Entstehung des Diffusionsstroms infolge eines Konzentrationsgefälles

wie der Temperaturausgleich innerhalb eines Temperaturgefälles oder der Ladungsausgleich innerhalb eines Potenzialunterschieds verläuft. Werden jedoch beständig Ladungsträger nachgeliefert, bleibt der Dichteunterschied erhalten. Das ist nicht anders als beim Feldstrom: Solange die Spannungsquelle angelegt ist, kann ein Strom fließen. Anders wäre es bei der Entladung eines Kondensators: Dort baut sich die Spannung im Zeitverlauf ab, der Strom versiegt nach kurzer Zeit.

Wenn es sich bei der Diffusion um Löcher handelt, entspricht das einem Ladungsstrom von links nach rechts, wenn es Elektronen sind (negative Ladung!), entspricht es einem Ladungsstrom von rechts nach links. Natürlich weißt du, dass eigentlich nur die Elektronen selbst tatsächlich fließen, lediglich die technische Stromrichtung ist umgekehrt festgelegt.

3.2.1 Formel für den Diffusionsstrom

Um die Diffusion quantitativ zu erfassen, scheint es plausibel, dass wir als treibende Kraft den Dichteunterschied oder, vornehm ausgedrückt, den Gradienten der Teilchendichte dn/dx ansetzen. Er drückt die Veränderung der Konzentration entlang der x-Koordinate aus. Für den Diffusionsstrom (genauer: für die Stromdichte, also Strom pro Flächeneinheit) kannst du daher

$$j_e^{\text{Diff}}(x) = eD_e \frac{dn(x)}{dx} \quad \text{und} \quad j_h^{\text{Diff}}(x) = -eD_h \frac{dp(x)}{dx}, \tag{3.13}$$

schreiben. Hier sind D_e beziehungsweise D_h die Materialgrößen für die Diffusion; sie werden als *Diffusionskoeffizienten* der Elektronen bzw. Löcher bezeichnet. Die elektrische Ladung e müssen wir hinzunehmen, weil wir uns nicht für den Teilchenstrom, sondern für den elektrischen Strom interessieren.

Auch hier gilt ein allgemeines Gesetz wie vorher für den Feldstrom:

> Strom(dichte) = Materialkonstante × treibende Kraft

Anschaulich formulieren wir es hier so:

$$\text{Diffusionsstrom (Elektronen)} = eD_e \cdot \text{Konzentrationsgradient} \quad \text{und}$$
$$\text{Diffusionsstrom (Löcher)} = -eD_h \cdot \text{Konzentrationsgradient}$$

3.2 Ein weiterer Strom: Der Diffusionsstrom in Halbleitern

Vergleiche das einmal mit dem Ohm'schen Gesetz. Dort gilt:

Feldstrom (Elektronen) = G_e · elektrische Spannung und
Feldstrom (Löcher) = G_h · elektrische Spannung

Das ist also eigentlich eine ganz ähnlicher linearer Zusammenhang. Der Diffusionskoeffizient ist nun – zum Glück! – nicht noch eine weitere unbekannte Materialgröße im Halbleiter, sondern er lässt sich aus der Beweglichkeit μ (die du schon kennst) und der Temperatur bestimmen. Die Formel lautet:

$$D_e = \frac{\mu_e k_B T}{e} \quad \text{und} \quad D_h = \frac{\mu_h k_B T}{e} \tag{3.14}$$

Dieser Zusammenhang ist allgemein gültig und bereits von Einstein gefunden worden, deshalb spricht man von der *Einstein-Beziehung*. Auch hier ist k_B wieder die Boltzmann-Konstante. Sorry, aber zu erklären, wie man zu dieser Beziehung gelangt, möchte ich mir hier ersparen. Du könntest es beispielsweise in meinem früheren Lehrbuch (Thuselt 2018) nachlesen.

Zum *Gesamtstrom* jeder Trägersorte können natürlich beide, also Drift und Diffusion, beitragen. Für die Elektronen:

$$j_e(x) = e\mu_e n(x)\mathscr{E}(x) + eD_e \frac{dn(x)}{dx}, \tag{3.15}$$

also Gesamtstrom = Feldstrom + Driftstrom. Analog für die Löcher:

$$j_h(x) = e\mu_h p(x)\mathscr{E}(x) - eD_h \frac{dp(x)}{dx} \tag{3.16}$$

Der erste Term in jeder der beiden Formeln ist der Feldstrom, der zweite der Diffusionsstrom. Diffusionsströme sind bei elektronischen Bauelementen mindestens genauso wichtig wie Feldströme. Sie liefern die Voraussetzungen für das Funktionieren von Halbleiterdioden und Bipolartransistoren. Hast du das erwartet? Du wirst es bald genauer sehen. Die Länge des Abfalls $x - x_0$ heißt *Diffusionslänge*; so weit gelangen die Ladungsträger im Mittel bei ihrer Diffusion.

Ergänzung
Auch die Diffusion von ungeladenen Teilchen spielt in der Halbleitertechnik eine Rolle: Viele Züchtungsvorgänge machen von der Diffusion von Gasmolekülen in das Grundmaterial Gebrauch. Beispielsweise werden Phosphoratome, die als Donatoren benötigt werden, in das Halbleitermaterial Silizium durch Diffusion hineingebracht.

3.2.2 Praktische Näherung mit Rechenbeispiel

In der Praxis kommt es darauf an, in welcher Weise die Konzentration vom Ort abhängt. Es kann zum Beispiel eine Exponentialfunktion sein. Wenn man aber den Zusammenhang nicht genau kennt, ist es oft hilfreich, eine lineare Beziehung anzusetzen. Dann erhalten wir, falls es sich um Elektronen handelt:

$$j_e^{\text{Diff}}(x) = eD_e \frac{\Delta n(x)}{\Delta x} = eD_e \frac{n(x) - n_0}{x - x_0} \qquad (3.17)$$

In Abb. 3.4 ist das schematisch dargestellt. Zu solchen Approximationen greifen die Physiker ja öfter, wenn sie entweder die Betrachtungen möglichst weit vereinfachen wollen oder auch den Zusammenhang zwischen den beteiligten Größen gar nicht kennen. Im nächsten Kapitel werden wir einen solchen Ansatz für die vereinfachte Behandlung eines pn-Übergangs nutzen.

Rechnen wir doch die Größe der Diffusionsströme gleich einmal für einen Beispielfall aus.

Beispiel
Wir greifen dazu gedanklich etwas vor: An einem pn-Übergang (kommt in Kap. 4 vor) haben wir nämlich eine typische Situation, bei der solche Diffusionsströme entstehen.
Fall a Zunächst betrachten wir den Fall, dass die Ladungsträgerkonzentration nach rechts hin abfällt, und zwar nehmen wir hier „zur Abwechslung" einmal einen Strom der Löcher. In Abb. 3.5 ist dies oben dargestellt. Auf der linken Seite stellen wir uns den pn-Übergang vor; dort sei die Konzentration p_1. Diese soll auf einer Strecke der Länge L_h nach rechts auf einen Wert p_0 fallen. (L_h wird später die „Diffusionslänge" sein, aber das spielt an dieser Stelle noch keine Rolle.)

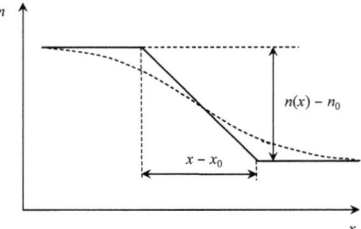

Abb. 3.4 Lineare Näherung für den Diffusionsstrom (ausgezogene Linie)

3.2 Ein weiterer Strom: Der Diffusionsstrom in Halbleitern   71

Abb. 3.5 Geometrie der Diffusionsströme am Beispiel des pn-Übergangs (schematisch). Dargestellt sind zwei Beispielsituationen für die Löcher. Oben: Abfall der Ladungsträgerdichte nach rechts, unten: Anwachsen der Ladungsträgerdichte nach rechts

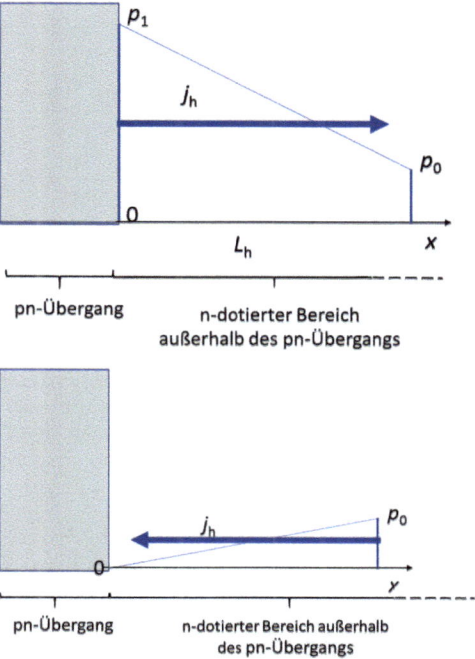

Welcher Diffusionsstrom stellt sich ein, wenn die Werte von p_1 und p_0 festgehalten werden? Dazu schreiben wir die oben verwendete Gl. 3.13 noch einmal auf und nähern die Angelegenheit gleich so, dass wir einen linearen Verlauf voraussetzen:

$$j_h^{\text{Diff}}(x) = -eD_h \frac{dp(x)}{dx} \approx -eD_h \frac{\Delta p(x)}{\Delta x} = -eD_h \frac{p(x)-p_0}{x-x_0} \qquad (3.18)$$

An welcher Stelle wir den x-Wert wählen, ist eigentlich egal, wir müssten nur die Konzentration $p(x)$ an der dazu passenden Stelle benutzen. Der Einfachheit halber verwenden wir $x = 0$, die linke Grenze. Dort haben wir $p(x) = p_1$. Damit können wir schreiben:

$$j_h^{\text{Diff}} = -eD_h \frac{p(x)-p_0}{x-x_0} = -eD_h \frac{p_1-p_0}{0-x_0} = eD_h \frac{p_1-p_0}{x_0} = eD_h \frac{p_1-p_0}{L_h} \qquad (3.19)$$

Die beiden Minuszeichen heben sich weg, und der Abstand x_0 ist hier die Diffusionslänge L_h. Nun brauchen wir nur noch Zahlenwerte einzusetzen. „Plausible" Werte sind $L_h = 34{,}6$ μm, $D_h = 12{,}0$ cm²/s sowie $p_1 = 1{,}21 \cdot 10^{14}$ cm^{-3} und $p_0 = 5 \cdot 10^5$ cm^{-3}. Damit bekommen wir:

$$j_h^{\text{Diff}} = -eD_h \frac{p(x)-p_0}{x-x_0} = -eD_h \frac{p_1-p_0}{0-x_0} = eD_h \frac{p_1-p_0}{L_h} =$$

$$= 1{,}602 \cdot 10^{-19} \text{As} \cdot 12{,}0 \frac{\text{cm}^2}{\text{s}} \cdot \frac{(1{,}21 \cdot 10^{14} - 5 \cdot 10^5)\text{cm}^{-3}}{34{,}6 \cdot 10^{-4}\text{cm}} =$$

$$= 6{,}72 \cdot 10^{-2} \frac{\text{A}}{\text{cm}^2} = 67{,}2 \frac{\text{mA}}{\text{cm}^2}$$

Das war doch eigentlich ganz leicht, nicht wahr? Du siehst auch, dass sowohl der Teilchenstrom als auch der elektrische Strom von links nach rechts fließt, es handelt sich ja bei den Löchern um positive Ladungsträger. Wir hätten übrigens auch andere plausible Zahlenwerte nehmen können, aber gerade diese hier werden uns später noch eine Hilfe sein.

Fall b Betrachtern wir jetzt einen anderen Fall, er ist in Abb. 3.5 unten gezeichnet. Die Löcherkonzentration soll von einem weit rechts liegenden Punkt x nach links hin abfallen, und zwar vom Wert p_0 auf null. Auch das wird sich wieder in der Größenordnung einer Diffusionslänge abspielen. Wie groß ist jetzt der Strom? Wir schreiben sofort die Lösung hin:

$$j_h^{\text{Diff}} = -eD_h \frac{p(x)-p_0}{x-x_0} = -eD_h \frac{p_0}{L_h} =$$

$$= -1{,}602 \cdot 10^{-19} \text{As} \cdot 12{,}0 \frac{\text{cm}^2}{\text{s}} \cdot \frac{5 \cdot 10^5 \text{cm}^{-3}}{34{,}6 \cdot 10^{-4}\text{cm}} = -2{,}78 \cdot 10^{-7} \frac{\text{mA}}{\text{cm}^2}$$

Dieser Strom ist um viele Größenordnungen kleiner, eigentlich vernachlässigbar, und er fließt nach links. Das wird durch das Minuszeichen ausgedrückt, aber es ist anschaulich schon aufgrund der Skizze klar.

Auch dieser Situation werden wir beim pn-Übergang begegnen, nämlich im sogenannten Fall der Sperrpolung. Du kannst es dir ja schon einmal vormerken.

Weiteres Beispiel

Dasselbe kannst du, wenn du willst, auch für einen Diffusionsstrom der Elektronen in anderer Richtung machen. Die genaue Rechnung stelle ich dir in den Übungen vor. Die Ergebnisse schreibe ich dir aber schon hier auf. Du kannst sie mit denen für die Löcher vergleichen und sie plausibel finden. Gehörst du aber eher zu den Leuten, die lieber nachrechnen, dann schau in die Übungen – selbst zu überprüfen, ist immer empfehlenswert!

Die Ausgangswerte sind $L_e = 16{,}1$ µm, $D_e = 2{,}6$ cm^2/s sowie $n_1 = 1{,}21 \cdot 10^{11}$ cm^{-3} und $n_0 = 50$ cm^{-3}. Damit ergibt sich $j_e^{\text{Diff}} = 3{,}13 \cdot 10^{-2}$ mA/cm^2. Das Vorzeichen ist positiv, da sich zwar die Elektronen von rechts nach links bewegen (ergäbe ein negatives Vorzeichen!), aber bekanntlich eine negative Ladung tragen (kehrt das Vorzeichen um).

Jetzt könntest du also schon die Ströme an einem pn-Übergang berechnen. Im nächsten Kapitel werden wir das brauchen.

3.3 Zusammenfassung zu Kapitel 3

Leitfähigkeit und Beweglichkeit

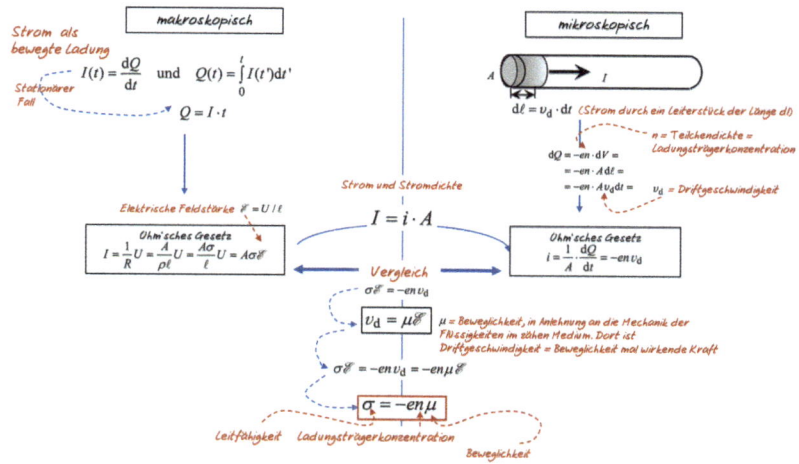

Ströme

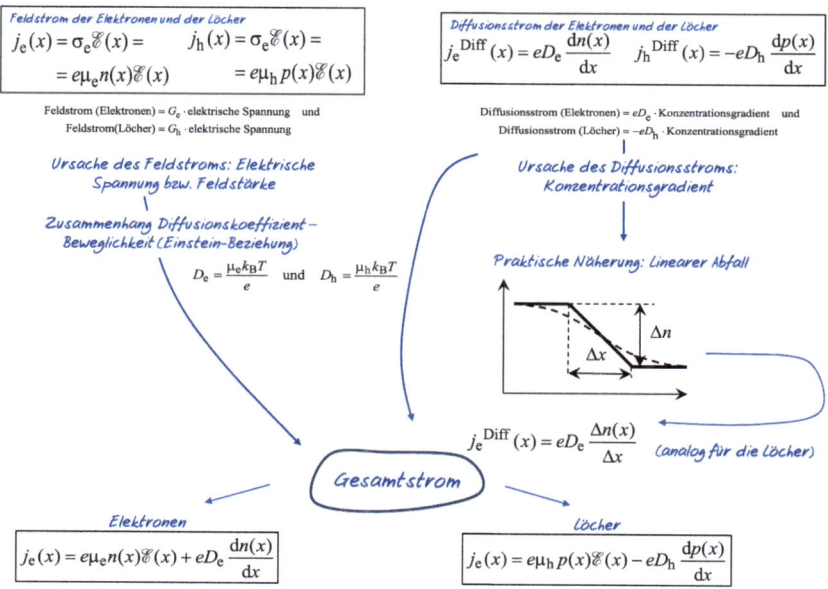

Literatur

Thuselt F (2018) Physik der Halbleiterbauelemente, 3. Aufl. Springer Spektrum, Heidelberg

Halbleiter mit Struktur: pn-Übergänge 4

Bei fast allen Halbleiterbauelementen treffen mehrere unterschiedliche Materialkomponenten zusammen. Bisher hast du dich nur mit dem homogenen Halbleiter befasst, der unendlich weit ausgedehnt und im ganzen Raumbereich überall gleich beschaffen ist. Dadurch konntest du die Eigenschaften am besten kennenlernen. Nun wollen wir aber zur Untersuchung von Halbleiterstrukturen übergehen. Fast alle Bauelemente bestehen aus mehreren dotierten Teilbereichen mit jeweils verschiedenen Eigenschaften. Das einfachste strukturierte Bauelement ist eine Halbleiterdiode. Was wollen wir von einer Halbleiterdiode wissen? In vielen Anwendungen wird vor allem nach der Strom-Spannungs-Kennlinie gefragt. Diese Kennlinie wirst du dir hier erarbeiten. An dem Beispiel erkennst du, wie man methodisch vorgehen kann, um die Funktion von Halbleiterbauelementen zu verstehen.

4.1 Das einfache Modell einer Halbleiterdiode

Eine Halbleiterdiode besteht im Wesentlichen aus einem *pn-Übergang*. Das bedeutet, dass zwei Halbleitermaterialien an einer Stelle, bildlich gesprochen, „zusammengeklebt", sind. Diese Vorstellung ist natürlich sehr plakativ, es handelt sich dabei lediglich um ein Modell. Aber es ist ja oft besser, mit Modellen zu arbeiten, die man verstehen kann, als komplizierte Sachverhalte nicht mehr überblicken zu können. In Abb. 4.1 ist links gezeigt, wie eine Halbleiterdiode aufgebaut sein kann.

Ergänzende Information Die elektronische Version dieses Kapitels enthält Zusatzmaterial, auf das über folgenden Link zugegriffen werden kann [https://doi.org/10.1007/978-3-662-70541-4_4].

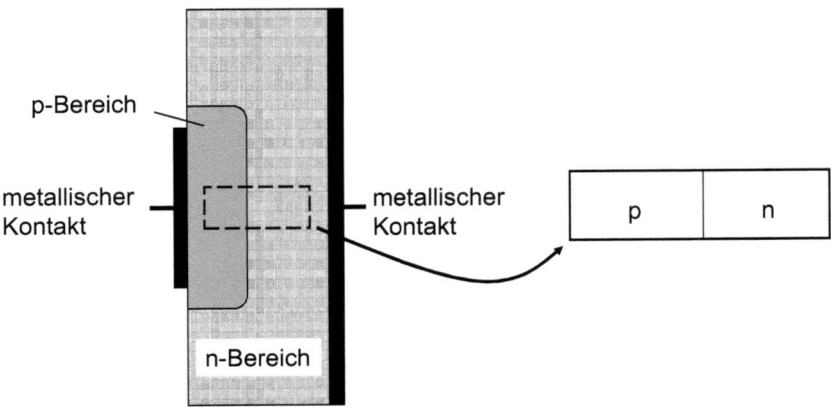

Abb. 4.1 Aufbau einer Halbleiterdiode (links) und unser herausgegriffenes Stück als Modell (rechts)

Wir greifen uns, wie rechts dargestellt, ein kleines Stück davon heraus und nehmen es als Grundlage für unser Modell. Der linke Teil ist p-dotiert – dort überwiegt die Löcherleitung. Der rechte Teil dagegen ist n-dotiert – dort überwiegt die Leitung durch Elektronen. Du erinnerst dich: p-Dotierung wird durch Akzeptoren erzielt, n-Dotierung durch Donatoren. Das Grundmaterial ist aber in beiden Fällen gleich. In der Regel wird es sich um Silizium handeln, in manchen Fällen zum Beispiel auch um Galliumarsenid.

An der „Nahtstelle" zwischen den beiden unterschiedlich dotierten Teilen treffen Elektronen aus dem n-Gebiet und Löcher aus dem p-Gebiet zusammen und rekombinieren. Dadurch bleiben rechts positiv geladene und links negativ geladene Rümpfe zurück. Somit sind in einem Übergangsbereich alle Elektronen und Löcher ausgeräumt; das ist die *Raumladungszone* (Abb. 4.2). Sie heißt auch *Verarmungsschicht*, der „arme" Halbleiter hat dort (fast) alle seiner beweglichen Ladungsträger verloren.

Wenn du dich an unsere Überlegungen aus Abschn. 3.2 erinnerst, müsstest du sofort einwenden, dass die sehr starke Änderung der Elektronen- beziehungsweise Löcherkonzentration an den Grenzen der Raumladungsgebiete zu einem Diffusionsstrom in diese Gebiete führen sollte. Dem steht aber etwas entgegen: Die dort vorhandenen geladenen Störstellenrümpfe stellen ja eine Barriere für die ankommenden Ladungsträger dar. Von rechts kommende Elektronen werden durch die negative Raumladung der Akzeptorrümpfe und umgekehrt die von links kommenden Löcher durch die dort positive Raumladung der Donatorrümpfe ab-

4.2 Der „nackte" pn-Übergang: Keine äußere Spannung

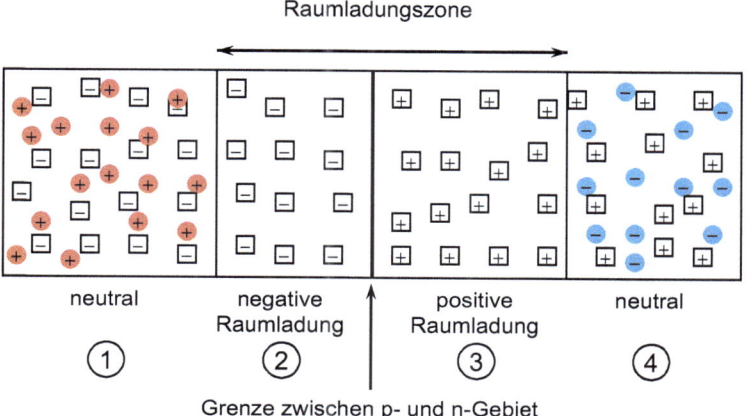

Abb. 4.2 Modell der Ladungsverteilungen an einem pn-Übergang. Rechtecke symbolisieren die unbeweglichen Rümpfe der Donatoren bzw. Akzeptoren und Kreise die beweglichen Ladungsträger (Elektronen und Löcher)

gestoßen. Dynamisch kann man es so formulieren: Ein Diffusionsstrom in die Raumladungsgebiete hinein wird durch einen gleich großen, aber entgegengesetzt gerichteten Feldstrom kompensiert, sodass insgesamt Gleichgewicht herrscht.

Die Raumladungszone stellt also ein Hindernis für Elektronen und Löcher dar, ins jeweils andere Gebiet zu wandern. Deshalb heißt sie auch Sperrschicht. Es gibt gleich mehrere Namen für diese Schicht: *Raumladungszone*, *Verarmungsschicht*, , *depletion layer*. Alle diese Namen lassen sich mit jeweils einer bestimmten Funktion verknüpfen.

Warum ist denn die Grenze zwischen neutralen Bereichen und Raumladungsgebieten so scharf? Sie ist es ganz sicher nicht! Damit verhält es sich aber wie mit vielem in der Physik: Man versucht zunächst einmal, ein sehr einfaches Modell aufzustellen, und schaut, ob die Ergebnisse befriedigend sind, um die Arbeitsweise zu erklären. Danach kann man Verfeinerungen einbringen. Wir werden das bald auch tun müssen.

4.2 Der „nackte" pn-Übergang: Keine äußere Spannung

Zunächst geht es darum, den Aufbau und die Eigenschaften des stromlosen Bauelements zu verstehen, erst im folgenden Abschnitt werden wir uns um seine Funktion unter Stromfluss kümmern.

4.2.1 Ladung, Feldstärke und Potenzial – immer mit der Ruhe!

Von den Ladungen der Donator- und Akzeptorrümpfe im Raumladungsbereich gehen elektrische Feldlinien aus. Sie beginnen an den positiven Donatorrümpfen, in unserer Darstellung in Abb. 4.3 auf der rechten Seite, und enden an den negativen Akzeptorrümpfen auf der linken Seite. Zur Mitte des Raumladungsgebiets hin werden sie dichter, da ja die Zahl der Ladungen, von denen sie ausgehen, nach innen hin immer größer wird (ihre Dichte bleibt dieselbe!). Der Betrag der elektrischen Feldstärke steigt demnach bis dorthin kontinuierlich an. So wie unser Modell gezeichnet ist, zeigen die Feldlinien von rechts nach links. Durch das elektrische Feld wird ein Potenzialunterschied zwischen den beiden Raumladungsgebieten aufgebaut. Das ist fast so ähnlich wie bei einem Plattenkondensator, nur dass sich bei jenem alle Ladungen auf den Platten konzentrieren, während sie in unserem Raumladungsbereich gleichmäßig verteilt sind. Die zur Raumladung gehörige Feldstärke und das dadurch aufgebaute Potenzial sind in Abb. 4.4 oben skizziert.

Tatsächlich werden Bauelemente mit pn-Übergängen auch als Kondensatoren eingesetzt. Die entsprechenden Formeln gleichen sich äußerlich sogar:

$$C = \frac{A\varepsilon\varepsilon_0}{b}. \tag{4.1}$$

Der Unterschied ist folgender: Bei einem Plattenkondensator ist b der Plattenabstand und A die Plattenfläche, bei unserem pn-Übergang ist b die Sperrschichtbreite und A der Querschnitt des Halbleiters. Es ist doch praktisch, dass man sich

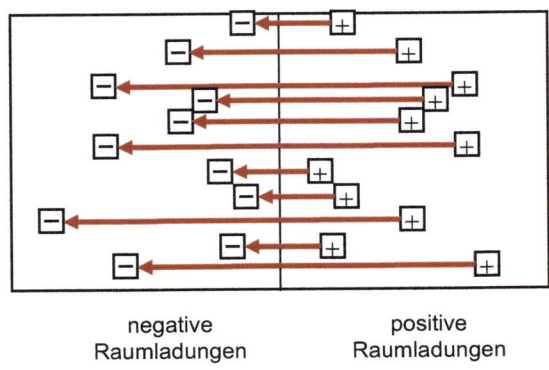

Abb. 4.3 Feldlinien am pn-Übergang innerhalb der Raumladungszone

negative Raumladungen   positive Raumladungen

4.2 Der „nackte" pn-Übergang: Keine äußere Spannung

Abb. 4.4 Raumladung Q, elektrische Feldstärke $\mathscr{E}$ und Potenzialverlauf U am pn-Übergang

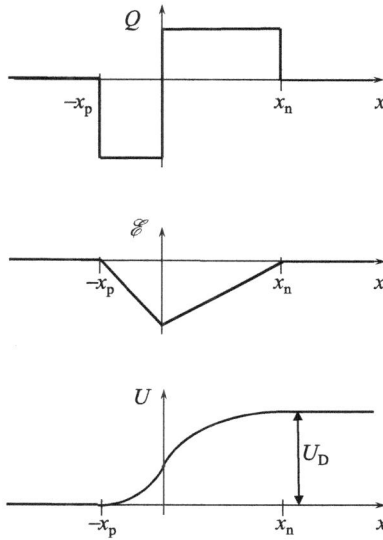

die Formel auf diese Weise gut merken kann! Für die Herleitung dieser Beziehung wollen wir uns hier aber nicht interessieren.

Schauen wir uns nun Abb. 4.4 genauer an. Zunächst konzentrieren wir uns auf den oberen und den mittleren Teil der Abbildung: Die Ränder des Raumladungsgebiets bezeichnen wir mit $-x_p$ (links, am p-Gebiet) und x_n (rechts, am n-Gebiet). Im inneren Bereich wird der Betrag des Feldes immer größer, wie schon in Abb. 4.3 zu erkennen war. Da die Ladungen nach innen hin gleichmäßig mehr werden, ergibt sich eine Gerade. Die Feldstärke ist übrigens negativ, da ja die Feldlinien von den positiven Raumladungen rechts zu den negativen Raumladungen links weisen, also entgegen unserer x-Richtung verlaufen.

4.2.2 Diffusionsspannung

Mithilfe des Feldstärkebildes aus Abb. 4.4 kannst du den Verlauf des elektrischen Potenzials $U(x)$ bestimmen. Du weißt aus der Elektrotechnik, dass Potenzial und Feldstärke über die Beziehung

$$U(x) = -\int \mathscr{E}(x) \, dx \qquad (4.2)$$

miteinander zusammenhängen. Wenn du über eine Gerade integrierst, erhältst du bekanntlich eine Parabel. Tatsächlich erkennst du im unteren Teil von Abb. 4.4 eine Kurve $U(x)$, die offensichtlich aus zwei Parabelstückchen zu bestehen scheint; die rechte steht auf dem Kopf. Die Endpunkte der Parabeln links und rechts (an den Stellen $-x_p$ und x_n) liegen genau an den Grenzen der Raumladungszone. Zwischen ihnen baut sich eine Spannung U_D auf. Da diese Potenzialdifferenz ihre Ursache letztlich in der Diffusion der Ladungsträger hat, die die Raumladungsgebiete frei räumt, heißt sie *Diffusionsspannung*.

Die Energie $E(x)$ folgt nun (bis auf das Vorzeichen) wegen

$$E(x) = -eU(x) \tag{4.3}$$

der Spannung $U(x)$, womit die Bänder den in Abb. 4.5 gezeigten Verlauf annehmen. Sie sind hier, anders als in einem homogenen Halbleiter, ortsabhängig. Insgesamt führt die Diffusionsspannung zu einer Energiebarriere $-eU_D$ zwischen p- und n-Gebiet.

Am Energieschema (Abb. 4.5) siehst du nun sehr deutlich, dass die Raumladungszone tatsächlich eine Sperrschicht darstellt: Sie sorgt dafür, dass nur wenige Elektronen vom rechten Gebiet ins linke gelangen können – ihre Energie reicht nicht, um den „Potenzialberg" $-eU_D$ zu überwinden. Nur diejenigen Elektronen können über die Potenzialbarriere gelangen, deren Energie die Barrierenhöhe $-eU_D$ übersteigt. Für die Löcher musst du dich auf den Kopf stellen und die Abbildung von oben betrachten. Dann siehst du, dass auch nur sehr wenige Löcher nach rechts gelangen können, sie prallen ebenso wie die Elektronen am Potenzialwall der Sperrschicht zurück, in diesem Fall allerdings unten.

Abb. 4.5 Energiebänder am pn-Übergang. Nur ein kleiner Teil der Elektronen und Löcher kommt durch

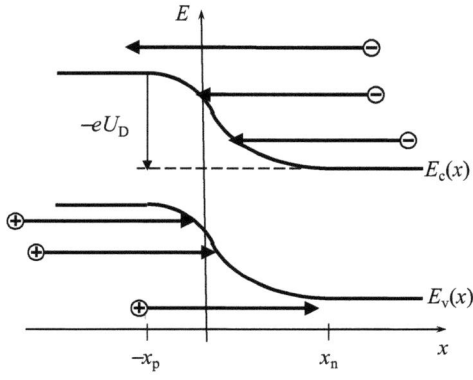

4.2 Der „nackte" pn-Übergang: Keine äußere Spannung

Wenn du jetzt sehr aufmerksam warst, hast du sicherlich bemerkt, dass wir eigentlich einen Widerspruch konstruiert haben. Ursprünglich hieß es, die Raumladungszone sei frei von beweglichen Ladungsträgern, nun sind aber doch welche drin. Das ist aber wie so häufig in der Physik: Zunächst macht man eine grobe Näherung, später wird die Überlegung verfeinert.

Schauen wir uns jetzt die Sache quantitativ an. Durch den Potenzialwall ist die Konzentration n_0 der Elektronen auf der linken Seite (bis zum Punkt $-x_p$) gegenüber der rechten Seite (beginnend am Punkt x_n) erniedrigt, und zwar um den Betrag

$$n_0 = n(-x_p) = n(x_n) e^{-\frac{eU_D}{k_B T}}. \tag{4.4}$$

(Der Index 0 weist darauf hin, dass es die Konzentration ist, bei der noch kein Strom fließt, $I = 0$). Wer liefert die Elektronen für das rechte n-Gebiet bis zum Punkt x_n? Das sind die Donatoren, also ist $n(x_n) = N_D$. Dabei setzen wir voraus, dass dort alle Donatoren ihre Elektronen ans Leitungsband abgegeben haben. Dann kannst du auch

$$n(-x_p) = N_D e^{-\frac{eU_D}{k_B T}} \tag{4.5}$$

schreiben. Das Massenwirkungsgesetz kennst du schon. Es regelt die Konzentration der Minoritätsträger, wenn die Konzentration der Majoritätsträger bekannt ist. Im *linken* Teil sind es die Löcher, und für die Elektronen dort erhältst du damit

$$n_0 = n(-x_p) = \frac{n_i^2}{p} = \frac{n_i^2}{N_A} \tag{4.6}$$

Prima, jetzt weißt du, wie viele Elektronen jeweils an der rechten und an der linken Grenze des Raumladungsgebiets vorhanden sind.

Wenn du nun Gl. 4.5 und Gl. 4.6) zusammenfasst, bekommst du

$$\frac{n_i^2}{N_A} = N_D e^{-\frac{eU_D}{k_B T}} \tag{4.7}$$

Vergewissere dich, dass das stimmt. Nun brauchst du nur noch nach U_D aufzulösen, und du erhältst sofort eine Formel, die dir sagt, wie die Diffusionsspannung von der Dotierung des p- und n-Gebiets abhängt, nämlich

$$U_D = \frac{k_B T}{e} \ln \frac{N_D N_A}{n_i^2} \tag{4.8}$$

(Das Minuszeichen ist im Logarithmus verschwunden.)

Dasselbe könntest du jetzt für die Löcher machen, und – wen wundert's – das Ergebnis für U_D wäre dasselbe. Das verlagern wir allerdings auf die Übungen.

Beispiel
Berechnen wir doch gleich einmal die Größe der Diffusionsspannung für einen konkreten Fall. Wir nehmen für den n-Bereich eine Donatordotierung $N_D = 10^{20}$ cm^{-3} und für den p-Bereich eine Akzeptordotierung $N_A = 10^{15}$ cm^{-3}. Den Vorfaktor $k_B T/e$ kennst du ja für 300K inzwischen vielleicht schon auswendig (Abschn. 2.2.2). Du erhältst damit ganz schnell

$$U_D = \frac{k_B T}{e} \ln \frac{N_D N_A}{n_i^2} = \frac{25{,}9 \text{ meV}}{e} \cdot \ln \frac{N_D N_A}{n_i^2} = 25{,}9 \text{ mV} \cdot \ln \frac{10^{20} \cdot 10^{15}}{\left(6{,}71 \cdot 10^9\right)^2} = \quad (4.9)$$

$$= 25{,}9 \text{ mV} \cdot \ln\left(3{,}59 \cdot 10^{15}\right) = 987 \text{ mV}$$

Die entsprechende Energiebarriere ist also 0,987 eV, das ist nur etwas weniger als 1 V. Erinnerst du dich, dass der Bandabstand in Silizium 1,12 eV beträgt (Tab. 2.1)? Nun könntest du auch sehr schnell eine Skizze zeichnen, die die Verhältnisse annähernd richtig wiedergibt!

Die Breite b der ist auch oft von Interesse. Sie ergibt sich nach folgender Formel (hier ohne Herleitung, die wäre ein bisschen kompliziert):

$$b = \sqrt{\frac{2\varepsilon\varepsilon_0}{e}} \sqrt{\frac{1}{N_D} + \frac{1}{N_A}} \cdot \sqrt{U_D} \quad (4.10)$$

Beachte, dass b mit der Wurzel aus der Diffusionsspannung wächst.

Beispiel
Auch hier sind wieder konkrete Werte sinnvoll. Nehmen wir doch gleich die soeben verwendeten Konzentrationen mit dem dabei erhaltenen U_D und rechnen damit weiter:

$$b = \sqrt{\frac{2\varepsilon\varepsilon_0}{e}} \sqrt{\frac{1}{N_D} + \frac{1}{N_A}} \cdot \sqrt{U_D} = \sqrt{\frac{2 \cdot 11{,}4 \cdot 8{,}854 \cdot 10^{-12} \frac{As}{Vm}}{1{,}602 \cdot 10^{-19} \text{ As}}} \cdot \sqrt{\left(\frac{1}{10^{20}} + \frac{1}{10^{15}}\right) \text{cm}^3} \cdot \sqrt{987 \text{ mV}} =$$

$$= \sqrt{\frac{2 \cdot 11{,}4 \cdot 8{,}854 \cdot 10^{-12}}{1{,}602 \cdot 10^{-19} \text{ Vm}}} \cdot \sqrt{10^{-15} \cdot \left(10^{-2} \text{ m}\right)^3} \cdot \sqrt{0{,}987 \text{ V}} = 1{,}111 \cdot 10^{-6} \text{ m} = 1{,}111 \text{ } \mu m$$

Hier haben wir noch den Wert $\varepsilon = 11{,}4$ für Silizium aus Tab. 2.1 benötigt. Weil N_D so groß ist, fällt der Term $1/N_D$ unter der Wurzel praktisch fort – die Sperrschichtbreite wird also in diesem Fall von dem Raumgebiet bestimmt, in dem die *niedrigere* Dotierung herrscht – in unserem Fall ist es das p-Gebiet mit $N_A = 10^{15}$ cm^{-3}!

4.3 Der „gespannte" pn-Übergang: Die Ströme

Du kannst in Gl. 4.10 unter der Wurzel sehr schön erkennen, dass die Raumladungszone mit der Breite b umso schmaler wird, je größer die Dotierungskonzentrationen im n-Gebiet (Donatoren, N_D) und im p-Gebiet (Akzeptoren, N_A) werden. Jetzt könntest du natürlich einwenden, dass N_D und N_A darüber hinaus auch noch in U_D eingehen. Was macht sich stärker bemerkbar?

Beispiel
Wir schauen uns das anhand von Zahlenwerten an: Die Ausgangssituation sei $N_D = N_A = 1 \cdot 10^{16}$ cm^{-3}, also diesmal gleich viele Donatoren im n-Gebiet und Akzeptoren im p-Gebiet angenommen, das macht die Sache einfacher. Gedanklich erhöhen wir jetzt gemäß Gl. 4.8 beide um den Faktor 10 und setzen die Größen ins Verhältnis, zunächst für die Diffusionsspannung U_D. Der Vorfaktor kürzt sich heraus:

$$\frac{U_{D2}}{U_{D1}} = \frac{(k_B T/e)\cdot \ln(N_{D2}/n_i)^2}{(k_B T/e)\cdot \ln(N_{D1}/n_i)^2} = \frac{\ln(N_{D2}/n_i)^2}{\ln(N_{D1}/n_i)^2} = \frac{\ln(10 N_{D1}/n_i)^2}{\ln(N_{D1}/n_i)^2}$$

Nun musst du ein bisschen mit den Logarithmengesetzen arbeiten:

$$\frac{U_{D2}}{U_{D1}} = \frac{\ln(10 N_{D1}/n_i)^2}{\ln(N_{D1}/n_i)^2} = \frac{2\cdot\ln(10 N_{D1}/n_i)}{2\cdot\ln(N_{D1}/n_i)} = \frac{\ln(N_{D1}/n_i) + \ln(10)}{\ln(N_{D1}/n_i)} =$$

$$= 1 + \frac{\ln(10)}{\ln(10^{16}/6{,}71\cdot 10^9)} = 1 + \frac{2{,}30}{14{,}2} = 1{,}16$$

Die Diffusionsspannung würde also um einen Faktor 1,16 ansteigen. Und die Breite der Sperrschicht?

$$\frac{b_2}{b_1} = \frac{\sqrt{\frac{2\varepsilon\varepsilon_0}{e}}\sqrt{\frac{2}{N_{D2}}}\cdot\sqrt{U_{D2}}}{\sqrt{\frac{2\varepsilon\varepsilon_0}{e}}\sqrt{\frac{2}{N_{D1}}}\cdot\sqrt{U_{D1}}} = \frac{\sqrt{\frac{2}{10 N_{D1}}}\cdot\sqrt{U_{D2}}}{\sqrt{\frac{2}{N_{D1}}}\cdot\sqrt{U_{D1}}} = \sqrt{\frac{1}{10}}\cdot\sqrt{\frac{U_{D2}}{U_{D1}}} = 0{,}312\cdot\sqrt{1{,}16} = 0{,}336$$

Ergebnis: Die Diffusionsspannung wächst zwar, aber die Sperrschicht wird trotzdem deutlich schmaler. Der Logarithmus hat nämlich nicht die Kraft, gegen die Wurzel $\sqrt{1/10}$ anzukommen.

4.3 Der „gespannte" pn-Übergang: Die Ströme

Nun legen wir an den pn-Übergang eine äußere Spannung U an. Was passiert? Die Breite der Sperrschicht verändert sich. Es passiert aber noch viel mehr. Vor allem fließt jetzt ein Strom. Warum, das wollen wir jetzt herausfinden.

4.3.1 Durchlass- und Sperrpolung

Betrachten wir den Fall, dass links, am p-Gebiet, der negative Pol der Spannungsquelle liegt und rechts, am n-Gebiet, der positive Pol. Dadurch werden die Elektronen (negative Ladungsträger!) nach rechts und die Löcher (positive Ladungsträger!) nach links gesaugt, die Sperrschicht wird also breiter (Abb. 4.6).

Bei umgekehrter Polung dagegen würden die Ladungsträger in Richtung der Sperrschicht gedrückt; dadurch wird diese schmaler und kann leichter überwunden werden. Diese Polung bezeichnet man als *Durchlasspolung*, den anderen Fall als *Sperrpolung*.

Das Anlegen einer äußeren Spannung hat eine Potenzialänderung zur Folge. Dadurch verändert sich die Energiedifferenz zwischen n- und p-Gebiet. Schauen wir uns den Fall der Durchlasspolung an. Ein positives Potenzial rechts „verringert" die Energiedifferenz zwischen beiden Seiten also um $E = -eU$ (Abb. 4.7).

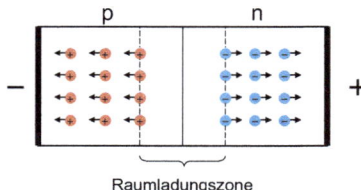

Abb. 4.6 Verbreiterung der Sperrschicht (Raumladungszone) durch Absaugen der Elektronen und Löcher bei Sperrpolung

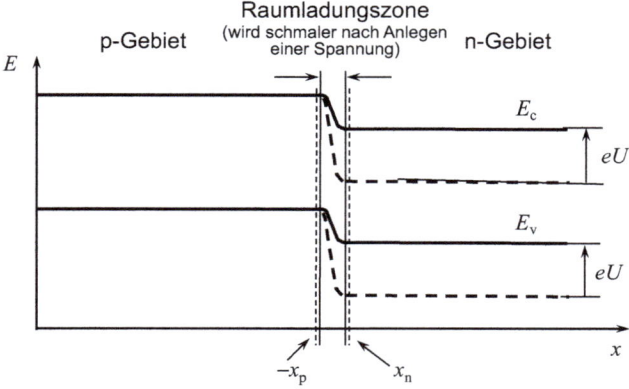

Abb. 4.7 Energiebänder an einem pn-Übergang, wenn eine äußere Spannung (hier: Durchlassspannung) angelegt ist. Die Bänder sind gegenüber dem spannungslosen Fall um eU angehoben. Außerdem haben sich die Werte von x_n und x_p gegenüber dem spannungslosen Fall verändert, das bedeutet, die Raumladungszone ist schmaler geworden

4.3 Der „gespannte" pn-Übergang: Die Ströme

Die Elektronen und Löcher brauchen nun nur noch eine ziemlich kleine Energie zu überwinden und können dadurch leichter auf die jeweils andere Seite gelangen. Weil aber stets neue Ladungsträger von außen nachgeliefert werden, fließt ein Strom.

Das Anlegen einer Spannung am pn-Übergang bewirkt demnach zweierlei:

1. Verkleinerung/Verbreiterung des Raumladungsgebiets
2. Verringerung/Erhöhung der Energiebarriere

4.3.2 Ladungsträger am pn-Übergang

Ich habe zu Beginn dieses Kapitels erwähnt, dass es unser Ziel ist, eine Strom-Spannungs-Kennlinie zu finden; das ist eine Funktion der Form $I = I(U)$ oder, in der Schreibweise mit Stromdichten, $j = j(U)$. Die Gleichung, die dieses Verhalten beschreibt, heißt Shockley-Gleichung. Um dorthin zu kommen, gibt es hier im Buch verschiedene Möglichkeiten:

1. Wenn du nur wenig Zeit und Mühe aufwenden willst, kannst du direkt zu Abschn. 4.3.4 gehen und versuchen, die Kennlinie als gegeben hinzunehmen und wenigstens qualitativ zu verstehen.
2. Willst du mehr Zeit aufwenden, dann solltest du die jetzt folgende, aber immer noch vereinfachte Herleitung nachvollziehen (empfohlen!).
3. Und wenn du die Angelegenheit ganz detailliert in den Griff bekommen möchtest, dann schau am besten gleich in mein „großes" Lehrbuch (Thuselt 2018) oder in eines der zahlreichen anderen Bücher, die zu diesem Thema existieren.

Hier also begeben wir uns auf den Weg zur Shockley-Gleichung gemäß Vorschlag 2.

Die Ladungsträgerkonzentration am pn-Übergang wird, wie du oben bereits gesehen hast, bei Durchlasspolung durch die veränderte Energiebarriere beeinflusst. Schauen wir dabei zuerst auf die Elektronen. Rechts, im n-Bereich, sind sie Majoritätsträger. Ihre Konzentration ist durch die Konzentration der Störstellen festgelegt, also $n = N_D$. Das gilt bis zum rechten Rand der Raumladungszone; wir haben ihn schon früher mit x_n bezeichnet.

Die Energiebarriere ist aber jetzt durch die angelegte Spannung um den Beitrag eU kleiner geworden, sodass wir für die Konzentration der Elektronen am linken Rand $-x_p$ anstelle von Gl. 4.5 nun

$$n(-x_\text{p}) = N_\text{D}\, e^{-\frac{e(U_\text{D}-U)}{k_\text{B}T}} \tag{4.11}$$

schreiben können. Im Exponenten ist gerade die äußere Spannung hinzugetreten. Je höher diese ist, desto kleiner ist die Energieschwelle, und desto mehr Elektronen können auch ins p-Gebiet gelangen. Wir schreiben die Formel etwas um und können damit n_0 gemäß Gl. 4.5 herauslösen:

$$n(-x_\text{p}) = N_\text{D}\, e^{-\frac{e(U_\text{D}-U)}{k_\text{B}T}} = \underbrace{N_\text{D}\, e^{-\frac{eU_\text{D}}{k_\text{B}T}}}_{=n_0} \cdot e^{\frac{eU}{k_\text{B}T}} = n_0\, e^{\frac{eU}{k_\text{B}T}},$$

also kurz

$$n(-x_\text{p}) = n_0\, e^{\frac{eU}{k_\text{B}T}} \tag{4.12}$$

(am linken Rand des Raumladungsgebiets).

Ohne äußere Spannung waren es an der Stelle $-x_\text{p}$ nur n_0 Elektronen, jetzt hat sich ihre Konzentration um den Faktor $\exp(eU/k_\text{B}T)$ erhöht. Sehr weit links im p-Gebiet muss aber nach wie vor die Konzentration n_0 betragen. Die Elektronen sind ja Minoritätsträger, für die dort $n_0 = n_\text{i}^2/N_\text{A}$ gilt. Es gibt also ein Konzentrationsgefälle im p-Gebiet. Dieses gibt, wie du dich richtig erinnerst, Anlass für eine Diffusion. Wenn die Elektronen über das Raumladungsgebiet ins p-Gebiet gelangen, treffen sie immer wieder auf die dort zahlreich vorhandenen Löcher. Da haben sie nun jede Chance zu rekombinieren. Ihre Konzentration nimmt auf dem Weg vom Raumladungsgebiet nach links hin ab. Dieser Abfall geschieht über einen Bereich, der durch eine Länge L_e charakterisiert ist. L_e bezeichnet man als *Diffusionslänge*; sie gibt an, wie weit die jeweiligen Minoritätsladungsträger im Mittel kommen, bevor ein wesentlicher Teil von ihnen verschwunden ist.

Schematisch ist das in Abb. 4.8 dargestellt. Natürlich werden für die Rekombination auch die Ladungsträger der jeweils anderen Sorte benötigt, das heißt die Majoritätsträger. Auf deren Konzentration wirkt sich die Rekombination aber kaum aus, dafür ist ihre Zahl insgesamt viel zu hoch, die paar rekombinierenden fallen nicht ins Gewicht. Wenn zum Beispiel von 10^{17} Löchern (pro Kubikzentimeter), sagen wir mal 10^{11} oder so verschwinden, sind dann immer noch fast 10^{17} vorhanden.

Allerdings müssen für die verschwundenen Löcher von links her nun ständig neue nachgeliefert werden. Da sie eine positive Ladung tragen, entspricht das einem Strom von links nach rechts. Dieser Strom wird durch die negativ geladenen Elektronen, die von rechts nach links strömen, als nach rechts fließender Strom fortgesetzt.

4.3 Der „gespannte" pn-Übergang: Die Ströme

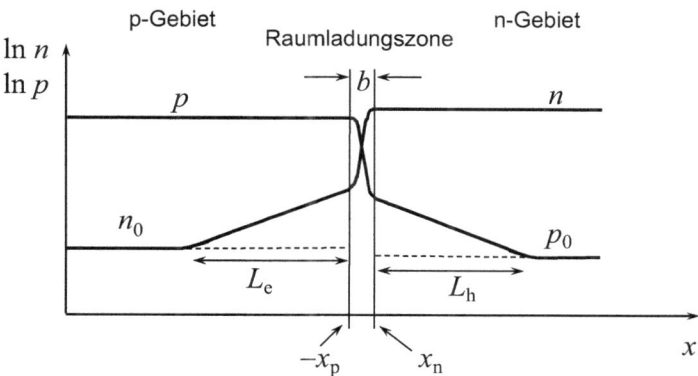

Abb. 4.8 Verlauf der Trägerdichten außerhalb der Raumladungszone (schematisch)

Die Rekombination innerhalb der Raumladungszone nimmt man übrigens meist als vernachlässigbar an.

Einen analogen Ausdruck wie oben für die Elektronen können wir auch für die Löcher anstellen, wenn sie nach rechts ins n-Gebiet strömen. Am linken Rand der Raumladungszone ist $p(-x_p) = N_A$, und an ihrem rechten Rand haben wir entsprechend

$$p(x_n) = p_0 \, e^{\frac{eU}{k_B T}}. \tag{4.13}$$

Was dagegen bei Sperrpolung passiert, kannst du dir jetzt auch erklären. Es gelangen immer weniger Ladungsträger ins „gegnerische" Gebiet. Deshalb sollte eigentlich überhaupt kein Strom mehr fließen. Es ist aber doch etwas anders: In diesem Fall fließt nämlich ein – allerdings sehr kleiner – Strom in entgegengesetzter Richtung über den pn-Übergang. Auch das werden wir uns noch genauer anschauen.

4.3.3 Elektronenstrom und Löcherstrom

Nun weißt du zwar, dass die Konzentration der jeweiligen Minoritätsträger an den Rändern der Raumladungszone erhöht ist, aber die Größe des fließenden Stroms kennst du noch nicht. Hier kommt ins Spiel, dass wir im vorigen Kapitel ja Diffusionsströme schon einmal erwähnt haben. Außerhalb des pn-Übergangs gibt es kein elektrisches Feld. Wenn dort dennoch Minoritätsträger fließen, dann kann das nur aufgrund der Diffusion geschehen. Die Ursachen von Diffusionsströmen sind gemäß Gl. 3.13 die Gradienten der Teilchendichten, ausgedrückt durch das Symbol d/dx:

$$j_e^{\text{Diff}}(x) = eD_e \frac{dn(x)}{dx} \quad \text{und} \quad j_h^{\text{Diff}}(x) = -eD_h \frac{dp(x)}{dx} \qquad (4.14)$$

Hier erinnerst du dich bestimmt sofort an die Überlegungen in Abschn. 3.2. Vereinfacht haben wir dort einen linearen Abfall der Elektronen- und Löcherkonzentration angenommen. Das machen wir auch hier, sodass wir sofort für die Elektronen

$$j_e^{\text{Diff}} = eD_e \frac{\Delta n(x)}{\Delta x} \qquad (4.15)$$

(links des pn-Übergangs)
und für die Löcher

$$j_h^{\text{Diff}} = -eD_h \frac{\Delta p(x)}{\Delta x} \qquad (4.16)$$

(rechts) schreiben können.

Das ist wirklich nur ein grober Ansatz, aber er lässt uns die Verhältnisse verstehen. Betrachten wir weiter die Situation nur für die Elektronen. Wir nehmen an, dass ihre Konzentration im Bereich der Diffusionslänge L_e von ihrem Maximalwert gemäß Gl. 4.12

$$n(-x_p) = n_0 e^{\frac{eU}{k_B T}}$$

nach links hin auf n_0 abfällt. Es ist also:

$$\frac{\Delta n}{\Delta x} = \frac{n(-x_p) - n_0}{L_e} = \frac{n_0 e^{\frac{eU}{k_B T}} - n_0}{L_e} = \frac{n_0 \left(e^{\frac{eU}{k_B T}} - 1 \right)}{L_e} \qquad (4.17)$$

Hier haben wir n_0 ausgeklammert und erhalten für den Diffusionsstrom der Elektronen aus Gl. 4.15 nun

4.3 Der „gespannte" pn-Übergang: Die Ströme

$$j_e^{\text{Diff}}(\text{links}) = eD_e \frac{n_0}{L_e}\left(e^{\frac{eU}{k_BT}} - 1\right) = j_0^e\left(e^{\frac{eU}{k_BT}} - 1\right), \tag{4.18}$$

kurz also

$$j_e = j_0^e \cdot \left(e^{\frac{eU}{k_BT}} - 1\right). \tag{4.19}$$

Wenn der Abstand von der linken Grenze des Raumladungsgebiets (ich möchte ihn mit X bezeichnen) bis zum metallischen Kontakt kleiner ist als L_e, dann kannst du stattdessen einfach dieses X einsetzen.

Ohne jetzt gleich noch über den hinzukommenden Anteil der Löcher nachzudenken, vermutest du schon richtig, dass der *gesamte* Strom an einem pn-Übergang exponentiell ebenso von der Spannung abhängt wie gerade in der Formel gezeigt.

Wenn dir diese Aussage schon reicht, kannst du gleich zu Abschn. 4.3.4 weitergehen. Ich rate dir aber, jetzt die ganze Überlegung doch noch einmal für die Löcher durchzuführen, einfach um die Angelegenheit noch ein bisschen zu üben.

Ergänzung

Wir nehmen uns nun also die Löcher rechts vom Raumladungsgebiet vor. Deren Konzentration klingt nach rechts mit einer typischen Diffusionslänge L_h ab, und zwar von ihrem Maximalwert am rechten Rand des Raumladungsgebiets

$$p(x_n) = p_0\, e^{\frac{eU}{k_BT}}. \tag{4.20}$$

bis auf p_0. Es ist also:

$$\frac{\Delta p}{\Delta x} = \frac{p(x_n) - p_0}{-L_h} = \frac{p_0 e^{\frac{eU}{k_BT}} - p_0}{-L_h} = \frac{p_0\left(e^{\frac{eU}{k_BT}} - 1\right)}{-L_h} \tag{4.21}$$

Hier klammern wir p_0 aus und erhalten für den Diffusionsstrom der Elektronen anstelle von Gl. 4.18 nun

$$j_h^{\text{Diff}}(\text{rechts}) = -eD_h \frac{p_0}{-L_h}\left(e^{\frac{eU}{k_BT}} - 1\right) = eD_h \frac{p_0}{L_h}\left(e^{\frac{eU}{k_BT}} - 1\right),$$

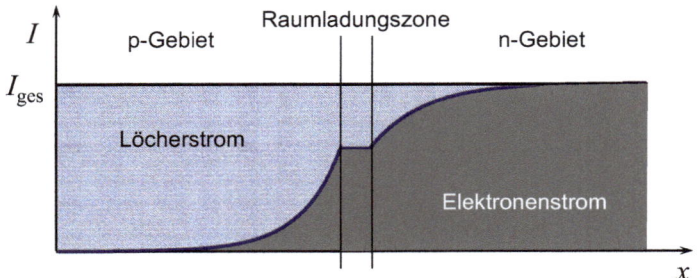

Abb. 4.9 Anteile von Elektronen- und Löcherstrom zum Gesamtstrom am pn-Übergang

kurz geschrieben als

$$j_\text{h}^\text{Diff}(\text{rechts}) = j_0^\text{h}\left(e^{\frac{eU}{k_BT}} - 1\right). \tag{4.22}$$

Die beiden Minuszeichen haben sich herausgekürzt. Diese Formel sieht doch fast aus wie Gl. 4.18, nicht wahr? Die Elektronen wurden lediglich durch die Löcher ersetzt.

Der Diffusionsstrom der Löcher wird nach rechts kleiner und setzt sich rechts der Raumladungszone als Elektronenstrom fort. Auf der linken Seite der Raumladungszone ist es umgekehrt; dort wird der Elektronenstrom kleiner und geht in einen Löcherstrom über. Die Summe beider Anteile muss natürlich immer konstant sein, wie es sich für jeden Stromkreis gehört. In Abb. 4.9 ist das verdeutlicht.

Beispiel
Jetzt bist du so weit präpariert, dass du auch einmal Zahlenwerte für die Diffusionsströme ausrechnen kannst. Die am pn-Übergang anliegende Spannung betrage $U = 500$ mV. Wir nehmen folgende Werte für die Diffusionslängen, die Diffusionskoeffizienten und die Dotierungen an:

- Im p-Gebiet: $N_A = 10^{17}$ cm^{-3}, das heißt, die Majoritätsträgerkonzentration ist $p = N_A$, die Minoritätsträgerkonzentration ist dort $n_0 = n_i^2/N_A = (7 \cdot 10^9$ cm$^{-3})^2/10^{17}$ cm$^{-3} \approx 500$ cm^{-3}, deren Diffusionslängen und Diffusionskoeffizienten sind $L_e = 16{,}1$ µm, $D_e = 2{,}6$ cm^2/s.
- Im n-Gebiet: $N_D = 10^{14}$ cm^{-3}, das heißt, die Majoritätsträgerkonzentration ist $n = N_D$, die Minoritätsträgerkonzentration ist $p_0 = n_i^2/N_D = (7 \cdot 10^9$ cm$^{-3})^2/10^{14}$ cm$^{-3} \approx 5 \cdot 10^5$ cm^{-3},
  deren Diffusionslängen und Diffusionskoeffizienten sind $L_h = 34{,}6$ µm, $D_h = 12{,}0$ cm^2/s.

4.3 Der „gespannte" pn-Übergang: Die Ströme

An den Rändern der Raumladungszone sind die Minoritätsträgerkonzentrationen höher. Wir berechnen sie mittels Gl. 4.12 und Gl. 4.13. Dabei erhalten wir:

$$n(-x_p) = n_0 e^{\frac{eU}{k_B T}} = 500 \text{ cm}^{-3} \cdot e^{\frac{500 \text{ meV}}{25{,}9 \text{ meV}}} = 1{,}21 \cdot 10^{11} \text{ cm}^{-3}$$

$$p(x_n) = p_0 e^{\frac{eU}{k_B T}} = 5 \cdot 10^5 \text{ cm}^{-3} \cdot e^{\frac{500 \text{ meV}}{25{,}9 \text{ meV}}} = 1{,}21 \cdot 10^{14} \text{ cm}^{-3}$$

Wie du vielleicht bemerkt hast, sind das die gleichen Zahlenwerte, die im Beispiel von Abschn. 3.2.2 vorkommen. Das war doch von uns geschickt gewählt, nicht wahr? Also können wir die Rechnungen von dort übernehmen und schreiben:

$$j_e^{\text{Diff}}(x) = -eD_e \frac{\Delta n(x)}{\Delta x} = 1{,}602 \cdot 10^{-19} \text{As} \cdot 2{,}6 \frac{\text{cm}^2}{\text{s}} \cdot \frac{(1{,}21 \cdot 10^{11} - 5 \cdot 10^5) \text{cm}^{-3}}{16{,}1 \cdot 10^{-4} \text{cm}} =$$
$$= 3{,}13 \cdot 10^{-2} \text{ mA/cm}^2$$

$$j_h^{\text{Diff}}(x) = -eD_h \frac{\Delta p(x)}{\Delta x} = 1{,}602 \cdot 10^{-19} \text{As} \cdot 12{,}0 \frac{\text{cm}^2}{\text{s}} \cdot \frac{(1{,}21 \cdot 10^{14} - 5 \cdot 10^5) \text{cm}^{-3}}{34{,}6 \cdot 10^{-4} \text{cm}} =$$
$$= 67{,}2 \frac{\text{mA}}{\text{cm}^2}$$

4.3.4 Endlich am Ziel: Strom-Spannungs-Kennlinie

Nachdem du nun den Diffusionsstrom der Elektronen und den der Löcher ermittelt hast, kannst du auch den gesamten über den pn-Übergang fließenden Strom (genauer: die Stromdichte) aufschreiben. Sie ist einfach die Summe beider Anteile, nämlich Gl. 4.19 für die Elektronen und Gl. 4.22 für die Löcher:

$$j = j_e^{\text{Diff}} + j_h^{\text{Diff}} = \left(\frac{eD_e}{L_e} n_0 + \frac{eD_h}{L_h} p_0 \right) \left(e^{\frac{eU}{k_B T}} - 1 \right). \tag{4.23}$$

Der Gesamtstrom berechnet sich also aus einem Minoritätsträgerstrom der Elektronen im p-Gebiet und einem Minoritätsträgerstrom der Löcher im n-Gebiet. Damit haben wir, nur noch etwas umständlich geschrieben, die *Strom-Spannungs-Kennlinie* einer Halbleiterdiode erhalten, in Kurzform:

$$j = j_s \left(e^{\frac{eU}{k_B T}} - 1 \right). \tag{4.24}$$

Der Index „s" deutet darauf hin, dass es sich um eine „Sättigungsstromdichte" handelt. Was bedeutet das? Für sehr hohe negative Spannungen wird die Exponentialfunktion null, und der gesamte Strom ist dann gleich diesem (negativen) Sättigungsstrom, also noch weiter ins Negative geht's nicht.

Der Wahrheit halber sei aber angemerkt, dass unser Modell doch sehr vereinfacht ist. Eigentlich hätten wir die Ströme über eine *Differenzialgleichung* statt über unsere *Differenzengleichung* berechnen müssen. Aber wie so oft bei Näherungen in der Physik: Der Erfolg rechtfertigt (manchmal) die Mittel.

Um das übliche Kennlinienbild vor uns zu haben, gehen wir von der Stromdichte j zum Strom $I = j \cdot A$ (A ist der Querschnitt) über:

$$I = I_\text{s} \left(e^{\frac{eU}{k_\text{B}T}} - 1 \right) \tag{4.25}$$

Diese Gleichung ist nun die gesuchte *Shockley-Gleichung*. In Abhängigkeit von der angelegten Spannung U gibt sie das Verhalten des Stroms wieder. Trägst du die Formel als Funktion $I = I(U)$ grafisch auf, erhältst du die *Kennlinie* dieses pn-Übergangs (Abb. 4.10). Der Vorfaktor

$$I_\text{s} = j_\text{s} \cdot A = \left(\frac{eD_\text{e}}{L_\text{e}} n_0 + \frac{eD_\text{h}}{L_\text{h}} p_0 \right) \cdot A \tag{4.26}$$

stellt den *Sättigungsstrom* oder *Sperrstrom* dar.

Wie du aus der Zeichnung unschwer erkennst, zeigt die Kurve für positive beziehungsweise negative Spannungen deutlich unterschiedliches Verhalten. Das kannst du auch an der Formel ablesen: Für $U > 0$ überwiegt der Exponentialterm, und die 1 kann mit gutem Gewissen vernachlässigt werden. Umgekehrt, für $U < 0$,

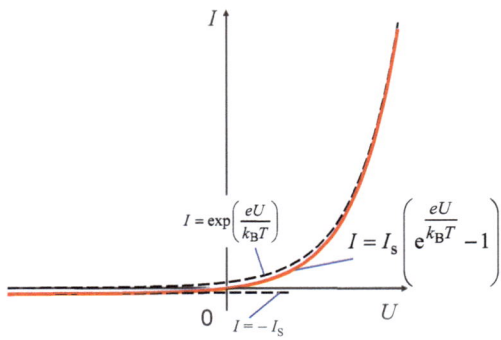

Abb. 4.10 Kennlinie entsprechend der Shockley-Gleichung (schematisch)

4.3 Der „gespannte" pn-Übergang: Die Ströme

läuft der Exponentialterm gegen null, sodass nur noch die 1 mit dem Minuszeichen übrig bleibt. Der Strom fließt bei sehr starker negativer äußerer Spannung in Sperrrichtung, aber er ist extrem klein. In der Abbildung sind diese beiden Kurven für sich als gestrichelte Linien einzeln gezeichnet.

Ergänzung
Auch wenn du die Rechnung nicht selbst verfolgt hast, kannst du doch erklären, wieso bei Sperrpolung gerade ein negativer Strom fließt. Das liegt daran, dass ja durch eine angelegte Sperrspannung nahezu alle Ladungsträger aus der Raumladungszone abgesaugt werden, während sie sich in großer Entfernung davon noch immer auf ihrem Niveau als Minoritätsträger befinden. Dies hat zwangsläufig einen Diffusionsstrom von rechts nach links zur Folge, wie in Abb. 4.11 am Beispiel der Löcher gezeigt ist. Er läuft von rechts nach links, also entgegengesetzt zum Fall bei der Durchlasspolung. Analog sieht es auf der linken Seite des pn-Übergangs für die Elektronen aus.

Die Kennlinie unserer pn-Halbleiterdiode ist also durch einen exponentiellen Anstieg des Stroms bei positiver angelegter Spannung (im Durchlassbereich) und einen konstanten und sehr kleinen Sperrstrom bei negativer angelegter Spannung (im Sperrbereich) gekennzeichnet. Darauf beruht ihre Gleichrichterwirkung. Natürlich dürfte ein idealer Gleichrichter im Sperrfall überhaupt keinen Strom haben, aber wie so oft, besser geht's halt nicht. Dabei können wir noch froh sein, denn bei einer anderen Gleichrichterdiode, der Schottky-Diode, sind die Sperrströme deutlich größer. Der Sperrstrom ist der Strom, der durch einen gesperrten pn-Übergang fließt, also konkret in dem Fall der früher schon erwähnten Sperrpolung: links negatives, rechts positives Potential. Wunderbarerweise haben wir ihn gleich mit erhalten, obwohl wir bei der Herleitung nicht ausdrücklich darüber nachgedacht haben.

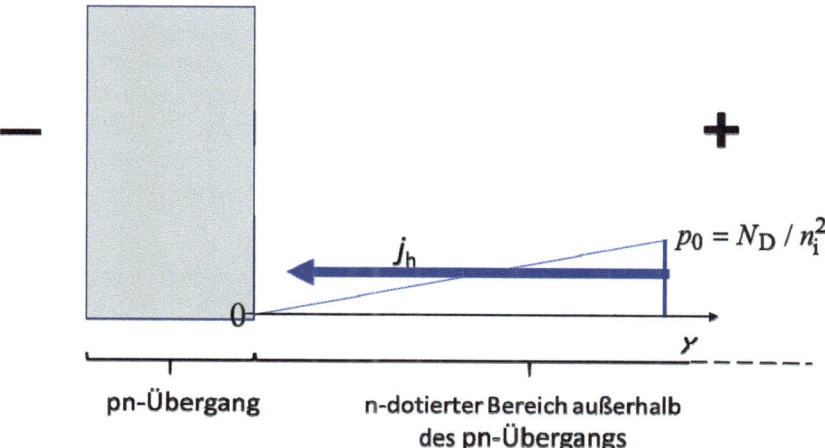

Abb. 4.11 Diffusionsstrom der Löcher bei Sperrpolung

Beispiel
Eine zahlenmäßige Abschätzung hast du übrigens früher bereits vorgenommen, nämlich im Rechenbeispiel zu Abschn. 3.2.2 für den Löcheranteil des Sperrstroms und in der zugehörigen Übungsaufgabe 3.3 für den Elektronenanteil. Das Ergebnis war mit den dort verwendeten Ausgangswerten

$$j_h^{Diff} = -eD_h \frac{p(x)-p_0}{x-x_0} = eD_h \frac{p_1-p_0}{L_h} = 6{,}72 \cdot 10^{-2} \frac{A}{cm^2} = 67{,}2 \frac{mA}{cm^2}$$

sowie

$$j_e^{Diff} = -eD_e \frac{n_1-n_0}{L_e} = 3{,}13 \cdot 10^{-2} \text{ mA/cm}^2$$

4.3.5 Konfrontation mit der Realität: Kennlinien und Zener-Dioden

Erinnere dich noch einmal daran, was wir in Abschn. 4.2.2 über die Diffusionsspannung U_D am pn-Übergang gesagt haben. An einem Beispiel haben wir gesehen, dass U_D in der Gegend von etwa 1 V liegt. Im Vergleich dazu kann die außen angelegte Spannung U in der Praxis durchaus höher sein. Was passiert in diesem Fall nun? Theoretisch würde dann ja das Potenzial auf der n-Seite (Abb. 4.7) so weit angehoben, dass sich die Potenzialbarriere sogar umkehrt. Somit würden Unmengen von Elektronen in das p-Gebiet und von Löchern in das n-Gebiet geschwemmt, ein hoher Strom wäre die Folge. Tatsächlich könnte es dadurch zu einer sehr starken Erwärmung und schließlich zur Zerstörung des Bauelements kommen. Glücklicherweise entspricht die Spannung am pn-Übergang aber nicht der an den Kontakten. Dazwischen liegt der Bahnwiderstand des Materials, an dem ein großer Teil der Spannung abfällt. Das haben wir bisher nicht betrachtet. In den Datenblättern der Hersteller ist natürlich die Gesamtspannung an den Kontakten angegeben.

Ergänzung
Da wir gerade über Datenblätter sprechen, ist noch ein anderer Hinweis angezeigt. Vielleicht hast du auch schon davon gehört, dass man zur Vereinfachung des Schaltungsdesigns statt der Exponentialkurve, wie sie der Shockley-Gleichung entspricht, zuweilen eine vereinfachte Darstellung wählt, bei der die Kennlinie durch zwei Geraden angenähert wird: eine ansteigende Gerade und eine parallel zur x-Achse. Der Schnittpunkt der beiden wird als Knickspannung bezeichnet. Vorsicht! Wahrscheinlich ist dir klar, dass man eine Exponentialfunktion niemals durch zwei Geraden approximieren kann. Wenn das trotzdem gemacht wird, dann ist das eine – ich möchte mal sagen – sehr oberflächliche Betrachtung, die, wenn überhaupt, nur innerhalb eines ganz bestimmten herausgegriffenen U-I-Bereichs gelten kann. Schon gar nichts hat diese Knickspannung etwas mit der Diffusionsspannung zu tun.

4.3 Der „gespannte" pn-Übergang: Die Ströme

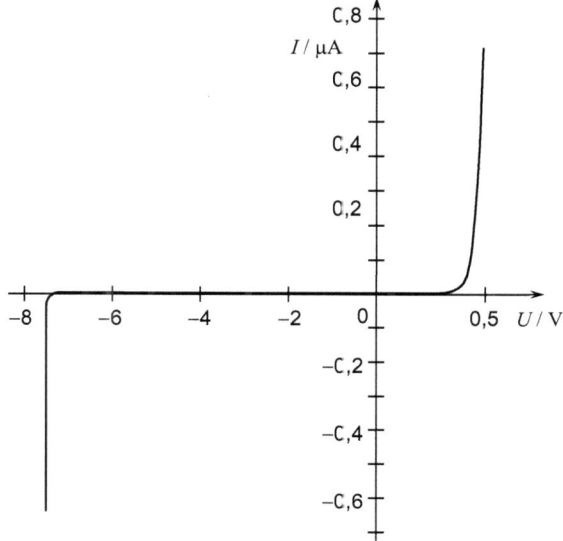

Abb. 4.12 Beispiel einer realen Diodenkennlinie. Beachte die unterschiedlichen Maßstäbe im Durchlass- und Sperrbereich

Ein Beispiel für eine realistische Diodenkennlinie findest du in Abb. 4.12. Der steil abfallende linke Teil der Kennlinie bei höheren Sperrspannungen ist entweder durch den *Zener-Effekt* oder durch den *Avalanche-Effekt* (Lawineneffekt) verursacht. Unser bisheriges Modell, das bei der Shockley-Gleichung endete, kann diese Abweichungen leider nicht beschreiben.

Beim Lawineneffekt nimmt ein Elektron in dem hohen elektrischen Feld am pn-Übergang bei seiner Beschleunigung eine so große kinetische Energie auf, dass sie ausreicht, um noch weitere Elektron-Loch-Paare zu erzeugen. Du hast richtig gedacht: Die erforderliche Energie muss natürlich größer als der Bandabstand des Materials sein. Diese neu erzeugten Paare können dann noch weitere Paare erzeugen und so weiter, sodass sich die Angelegenheit lawinenartig fortsetzt.

Den Zener-Effekt (benannt nach dem amerikanischen Physiker Clarence Melvin Zener) kann man ohne tiefere Kenntnisse der Quantenmechanik nicht verstehen. Es handelt sich dabei um ein „Durchtunneln" der Barriere zwischen Leitungs- und Valenzband am pn-Übergang.

In der Praxis unterscheidet man die beiden Arten von Dioden oft nicht und bezeichnet sie pauschal als *Zener-Dioden*. Da die Zener-Spannung (also die Spannung, bei der der Zener-Effekt einsetzt) unabhängig von der Höhe des fließenden Stroms ist, werden Zener-Dioden zur Spannungsstabilisierung eingesetzt.

4.4 Zusammenfassung zu Kapitel 4

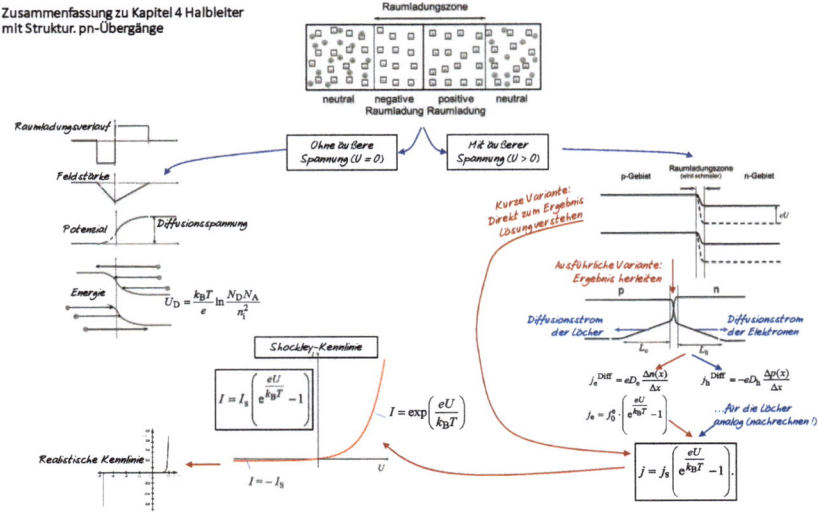

Literatur

Thuselt F (2018) Physik der Halbleiterbauelemente, 3. Aufl. Springer Spektrum, Heidelberg

Steuern mit Transistoren 5

Während Halbleiterdioden vorzugsweise als Gleichrichter eingesetzt werden, sind Transistoren in der Lage, Ströme zu steuern. Unter ihnen sind die Feldeffekt-Transistoren am weitesten verbreitet. Sie werden zum Beispiel als diskrete Bauelemente in der Leistungselektronik eingesetzt, und sie dominieren in integrierten Schaltungen. Dennoch sind in manchen Anwendungen auch Bipolartransistoren wichtig. Frisch ausgerüstet mit den Kenntnissen des pn-Übergangs wirst du jetzt in der Lage sein, deren Funktionsweise zu verstehen. Danach erst wenden wir uns dem Feldeffekttransistor zu.

5.1 „Old Men's Fashion": Der Bipolartransistor

Bipolartransistoren sind sozusagen die „Old Men's Fashion" unter den Transistoren. Sie sind schon seit den 1950er-Jahren bekannt, im Gegensatz zum Feldeffekttransistor, der erst später entwickelt wurde. Bipolartransistoren werden heute noch zur Steuerung starker Ströme eingesetzt, ansonsten bevorzugt man den Feldeffekttransistor, weil er nahezu leistungslos steuern kann.

Um Ströme zu steuern, müsste ein Transistor eigentlich vier Kontakte besitzen. Zwei dieser Kontakte würden dann den steuernden Strom zuführen, die beiden anderen wären dem gesteuerten Strom vorbehalten. Je einen der Kontakte aus den beiden Kreisen kann man aber gemeinsam benutzen. Damit bleiben noch drei Kontakte übrig. Sie heißen beim Bipolartransistor *Emitter*, *Basis* und *Kollektor* (Abb. 5.1).

Ergänzende Information Die elektronische Version dieses Kapitels enthält Zusatzmaterial, auf das über folgenden Link zugegriffen werden kann [https://doi.org/10.1007/978-3-662-70541-4_5].

© Der/die Autor(en), exklusiv lizenziert an Springer-Verlag GmbH, DE, ein Teil von Springer Nature 2025
F. Thuselt, *Halbleiterphysik leicht verständlich*,
https://doi.org/10.1007/978-3-662-70541-4_5

Abb. 5.1 Schaltsymbol eines Bipolartransistors

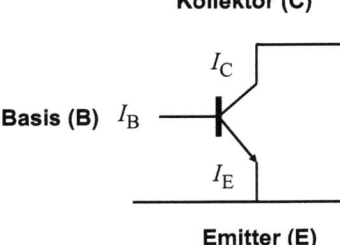

Mittels einer kleinen Veränderung des Stroms, der im Eingangskreis fließt, kann eine große Veränderung des Stroms im Ausgangskreis hervorgerufen werden. In der Abbildung steuert der Basisstrom (er fließt zwischen Basis- und Emitterkontakt) den Kollektorstrom (er fließt zwischen Kollektor- und Emitterkontakt).

5.1.1 Aufbau am Beispiel des npn-Transistors

Entsprechend Abb. 5.2 stellen wir uns eine Halbleiterstruktur vor, die aus zwei eng benachbarten pn-Übergängen besteht. Die häufigste Ausführung besteht aus aufeinanderfolgenden Schichten von n-, p- und wieder n-Material. Man bezeichnet diese Ausführung als *npn-Transistor*. Beim Bipolartransistor liegt zwischen Emitter und Basis ein pn-Übergang und ein weiterer zwischen Basis und Kollektor.

Die Schaltungen bei Bipolartransistoren werden übrigens danach gekennzeichnet, an welchem Kontakt *beide* Stromkreise liegen; das ist in der Abbildung der Basiskontakt, also der mittlere. Entsprechend wird diese Anordnung als *Basisschaltung* bezeichnet. Diese schauen wir uns jetzt genauer an.

5.1.2 „Mitreißend": Basisstrom steuert Kollektorstrom

Die Funktionsweise eines pn-Übergangs kennst du bereits. Bei unserem Transistor ist der linke pn-Übergang – das ist der zwischen Emitter und Basis – in Durchlassrichtung gepolt und besitzt deshalb, wie du dich sicher noch erinnerst, ein sehr schmales Raumladungsgebiet. Ich hoffe, du erkennst die Reihenfolge „np" trotz der gegenüber früher links-rechts vertauschten Gebiete als pn-Übergang! Und wie es sich gehört, liegt bei Durchlasspolung am p-Gebiet der positive Pol des entsprechenden Stromkreises, am n-Gebiet dagegen der negative. Der rechte pn-Übergang ist aber im Gegensatz zum linken in Sperrspannung gepolt, sein Raum-

5.1 „Old Men's Fashion": Der Bipolartransistor

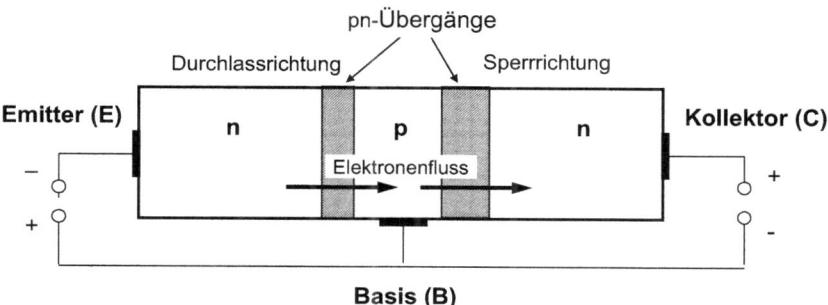

Abb. 5.2 Prinzipieller Aufbau eines Bipolartransistors. Die Pfeile zeigen an, in welcher Richtung sich bei diesem Typ die Elektronen bewegen

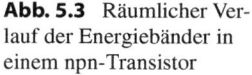Räumlicher Verlauf der Energiebänder in einem npn-Transistor

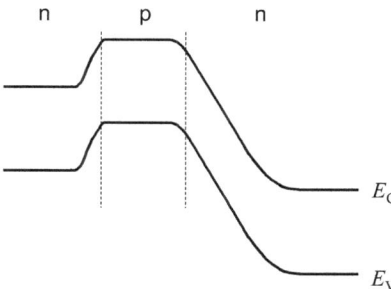

ladungsgebiet ist daher breit. Der räumliche Verlauf der Energiebänder unter diesen Bedingungen ist in Abb. 5.3 dargestellt.

Über den linken pn-Übergang werden Elektronen vom Emitter in die Basis geschickt. Bei einem einzelnen pn-Übergang wie in einer Halbleiterdiode würden die Elektronen, aus dem linken Bereich kommend (hier ist es das n-Gebiet), im anschließenden p-Bereich alle rekombinieren, das wäre bei uns in der Basisschicht. Diese Möglichkeit zur Rekombination haben die Elektronen in dem nur sehr schmalen Basisgebiet des Transistors aber kaum. Die meisten fliegen einfach hindurch und gelangen deshalb nahezu vollständig weiter bis zum Basis-Kollektor-Übergang. Dort herrscht wegen der Sperrpolung ein sehr starkes elektrisches Feld, in dem die ankommenden Elektronen vom positiven Potenzial am Kollektorkontakt gierig abgesaugt werden und so einen Strom in Sperrrichtung ergeben. Dadurch ziehen sie vom Emitter ständig Elektronen nach, und der Elektronenstrom kann auf diese Weise sehr groß werden.

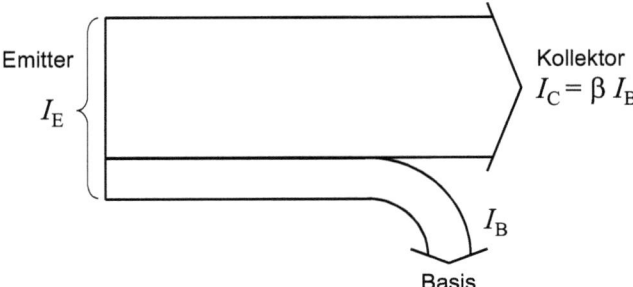

Abb. 5.4 Schematische Darstellung der Verstärkungswirkung des Transistors

Aber halt! Ich habe zwar gerade gesagt, dass fast alle Elektronen vom Emitter zum Kollektor gelangen, aber natürlich bleiben doch einige wenige auf der Strecke, will heißen, sie finden auf ihrem Weg durch das Basisgebiet immer wieder einmal Löcher und rekombinieren mit ihnen. (Zur Erinnerung: Die Basis ist p-Material.) Diese Rekombination ist für die Funktion des Transistors aber gerade wesentlich. Je mehr Elektronen aus dem Emitter kommend zur Verfügung stehen, desto größer ist ja die Wahrscheinlichkeit, dass ein Elektron auf ein Loch trifft und rekombiniert. Umso größer wird damit auch der *Basisstrom*. Das ist der Löcherstrom, der vom Basiskontakt kommt. Der (große) Elektronenstrom im Emitter, der *Emitterstrom*, ist also immer proportional dem (kleinen) Löcherstrom in der Basis (Abb. 5.4).

Betrachten wir die Angelegenheit jetzt aus der Sicht der Löcher. Wenn der Löcherstrom am Basiskontakt nur geringfügig erhöht wird, so muss der vom Emitter kommende Elektronenstrom um ein Vielfaches steigen, da ja mehr Löcher auch immer mehr Elektronen anfordern. Als Maß für diese Erhöhung führen wir den Faktor

$$\beta = \frac{\text{Kollektorstrom}}{\text{Basisstrom}} = \frac{I_C}{I_B}. \tag{5.1}$$

ein. Er gibt gerade die Verstärkungswirkung an. Der Grund ist einfach: Das Verhältnis der rekombinierenden zu den durch die Basis „geschleusten" Elektronen ist immer konstant, entsprechend Abb. 5.4. Anders gesagt: Verstärkt eingespeiste Löcher fordern einen höheren Strom an Elektronen an, wovon die meisten aber nicht zur Rekombination kommen. Sie schießen stattdessen größtenteils über ihr Ziel hinaus und gelangen zum Kollektor. Ein kleiner Basis-Emitter-Strom steuert demnach einen großen Emitter-Kollektor-Strom. Wenn der Basisstrom dann auch noch moduliert wird, entsteht auf diese Weise ein verstärkter modulierter Kollektorstrom.

5.1 „Old Men's Fashion": Der Bipolartransistor

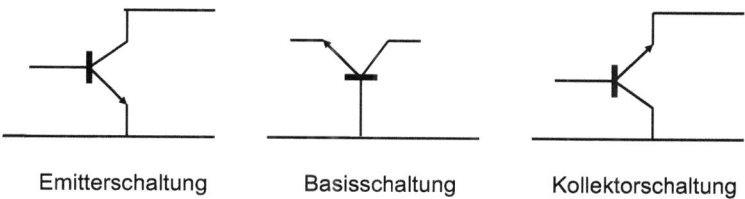

Emitterschaltung   Basisschaltung   Kollektorschaltung

Abb. 5.5 Grundschaltungen des Bipolartransistors

Transistoren werden in drei möglichen Grundschaltungen eingesetzt (Abb. 5.5), in Abhängigkeit von demjenigen Kontakt, der von Eingangs- und Ausgangskreis gemeinsam genutzt wird. Bisher haben wir stillschweigend vorausgesetzt, dass die Basis diesen gemeinsamen Kontakt darstellt. In einem solchen Fall sprachen wir von *Basisschaltung*. Man kann auch einen anderen Kontakt als gemeinsame Elektrode wählen, den Emitter oder den Kollektor. Auch in diesen Fällen ist der Elektronenstrom im Emitter dem Löcherstrom in der Basis proportional. Am häufigsten wird die *Emitterschaltung* benutzt. In dieser haben wir auch wieder links, von der Basis zum Emitter, den steuernden und rechts, vom Emitter zum Kollektor, den gesteuerten Stromkreis. Unabhängig von der tatsächlichen Schaltung bleibt aber das Verhältnis der Ströme untereinander entsprechend Abb. 5.4 immer das gleiche.

5.1.3 Wie groß ist die Stromverstärkung?

Die Größenordnung der Stromverstärkung erhalten wir nun, indem wir den Kollektorstrom und den Basisstrom für sich berechnen. Das machen wir jetzt so:

Wir schreiben zunächst Gl. 5.1 für die Ströme in Basisschaltung noch einmal auf. Dabei berücksichtigen wir gleich, dass der über den über den Basis-Kollektor-Übergang fließende Strom fast genauso groß ist wie der über den Emitter-Basis-Übergang – die paar von der Basis abgezweigten Elektronen vernachlässigen wir einfach. Deshalb können wir schreiben:

$$\beta = \frac{\text{Kollektorstrom}}{\text{Basisstrom}} \approx \frac{\text{Emitterstrom}}{\text{Basisstrom}} = \frac{j_e^E}{j_h^B}$$

β ist der *Verstärkungsfaktor* oder die *Stromverstärkung*.

Um mit diesen Formeln etwas anfangen zu können, müssen wir auf die Erkenntnisse zurückgreifen, die wir vom pn-Übergang haben. Dort kamen der Diffusionsstrom j_e^B der Elektronen im p-Gebiet und der Diffusionsstrom der Löcher j_h^E im n-Gebiet vor. Beide finden wir aber im obigen Ausdruck nicht. Der Elektronenstrom, der im Emitter fließt, muss sich ja komplett im Basisgebiet wiederfinden, also ist $j_e^E = j_e^B$. Analog müssen die Löcher, die in die Basis hineinströmen, komplett am Rand des Emittergebiets auftauchen, das heißt $j_h^B = j_h^E$.

Anders ausgedrückt: Der Basisstrom ist ja gerade der, welcher durch die Löcher gebildet wird, der Löcherstrom in der Basis ist gleich groß wie der Löcherstrom an der Grenze von der Basis zum Emitter.

Der Elektronenstrom j_e^C im Kollektor ist nahezu derselbe, der auch durch die Basis fließt (j_e^B), aber auch derselbe, der vom Emitter kommt (j_e^E), also fast überall gleich ist. Für den Verstärkungsfaktor können wir deshalb schreiben:

$$\beta = \frac{j_e^B}{j_h^E}$$

Oben steht der (Diffusions-)Strom der Elektronen im p-Bereich, den entsprechenden Ausdruck haben wir bereits in Gl. 4.18 gefunden. Anstelle der Spannung U, die dort vorkommt, schreiben wir hier U_{EB}:

$$j_e^B = \frac{eD_B}{w} n_0^B \left(e^{\frac{eU_{EB}}{k_B T}} - 1 \right) \qquad (5.2)$$

Im n-Bereich können wir auf Gl. 4.22 aus Kap. 4 zurückgreifen und schreiben deshalb hier für den Strom der Löcher:

$$j_h^E = \frac{eD_E}{L_E} p_0^E \left(e^{\frac{eU_{EB}}{k_B T}} - 1 \right) \qquad (5.3)$$

Die Bezeichnungen sind hoffentlich klar: U_{EB} ist die Emitter-Basis-Spannung, p_0^E die Konzentration der Löcher am Rand des Raumladungsgebiets, n_0^B die Konzentration der Elektronen an diesem Rand, L_E die Diffusionslänge der Löcher im Emittergebiet sowie D_E und D_B die jeweiligen Diffusionskoeffizienten – alles ganz analog zu Abschn. 4.3.3. Lediglich die Basisweite w taucht in Gl. 5.2 auf anstelle der Diffusionslänge L_E der Elektronen, denn die Basis ist sehr kurz, und der Überschuss der Elektronenkonzentration muss innerhalb dieses Bereichs auf null abklingen. (Nicht verwechseln mit dem Elektronenstrom – der klingt fast nicht ab!) Damit sind wir bestens ausgerüstet, um den Verstärkungsfaktor β zu bestimmen:

5.1 „Old Men's Fashion": Der Bipolartransistor

$$\beta = \frac{j_e^B}{j_h^E} = \frac{\dfrac{eD_B}{w} n_0^B \left(e^{\frac{eU_{EB}}{k_B T}} - 1 \right)}{\dfrac{eD_E}{L_E} p_0^E \left(e^{\frac{eU_{EB}}{k_B T}} - 1 \right)}$$

Wir haben Glück – die beiden Klammern oberhalb und unterhalb des Bruchstriches heben sich heraus, und wir erhalten

$$\beta = \frac{\dfrac{eD_B}{w} n_0^B}{\dfrac{eD_E}{L_E} p_0^E} = \frac{D_B n_0^B L_E}{D_E p_0^E w}. \tag{5.4}$$

Da erinnern wir uns jetzt, dass in der Basis die Elektronenkonzentration n_0^B mit der Löcher-(Akzeptor-)konzentration $p = N_B$ über das Massenwirkungsgesetz

$$n_0^B \cdot N_B = n_i^2$$

miteinander zusammenhängen. Analog gilt das für die Löcherkonzentration p_0^E im Emitter und dessen Elektronen-(Donator-)konzentration $n = N_E$ gemäß

$$p_0^E = n_i^2 / N_E.$$

n_i^2 kürzt sich heraus, und damit können wir schreiben.

$$\beta = \frac{D_B N_E L_E}{D_E N_B w} \tag{5.5}$$

Das ist nun ein ziemlich übersichtliches Ergebnis. Du siehst: Je kürzer das Basisgebiet w, desto größer die Stromverstärkung. Die Stromverstärkung wächst aber auch mit dem Verhältnis der Dotierungskonzentrationen, also mit N_E/N_B. Das bedeutet, je höher der Emitter (großes N_E) und je geringer die Basis dotiert ist (kleines N_B), desto mehr wird der Strom verstärkt. Eine derartige Struktur bezeichnet man als n⁺p-Übergang. Das Pluszeichen soll andeuten, dass das n-Gebiet (also bei uns der Emitter) besonders viele Elektronen enthält.

Beispiel
Nun kannst du sogar einmal versuchen, den über die Basis fließenden Strom zu berechnen. Die Grundlage kennst du ja bereits:

$$j_e^B = \frac{eD_B}{w} n_0^B \left(e^{\frac{eU_{EB}}{k_BT}} - 1 \right)$$

Wie schon in Gl. 4.15 nähern wir diese Beziehung durch einen linearen Ausdruck (Abb. 5.6) an, wir interessieren uns hier der Einfachheit halber nur für die Beträge:

$$\left|j_e^B\right| = \left|eD_B \frac{d}{dx} \Delta n(x)\right| = eD_B \frac{\Delta n(0)}{w}$$

Am linken Rand der Basis ist $\Delta n = N_E$, das heißt, n ist gleich der Elektronenkonzentration (und gleich der Donatorkonzentration) im Emittergebiet. Rechts ist die Überschusskonzentration der Elektronen auf null abgesunken, das heißt, der Überschuss ist von den Löchern aufgefressen worden, also

$$j_e^B = eD_B \frac{\Delta n(0)}{w} = eD_B \frac{N_E - 0}{w} = eD_B \frac{N_E}{w}.$$

Zum weiteren Rechnen muss ich dir einige Zahlenwerte vorgeben: Nimm $N_E = 10^{15}$ cm^{-3} sowie $w = 1$ µm an und für den Diffusionskoeffizienten $D_B = 35{,}2$ cm^2/s. Dann ergibt sich:

$$j_e^B = eD_B \frac{N_E}{w} = 1{,}60 \cdot 10^{19} \text{ As} \cdot 35{,}2 \text{ cm}^2/\text{s}^{-1} \cdot \frac{10^{15} \text{ cm}^{-3}}{1 \text{ µm}} = 56{,}3 \text{ A/cm}^2$$

Über eine Fläche von 0,1 mm² würde dann ein Strom von 56,3 mA fließen (nachrechnen!).

Abb. 5.6 Linearer Abfall der Überschuss-Elektronenkonzentration in der Basis

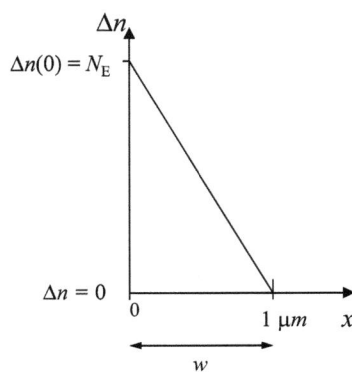

Du kannst auch gleich noch den Verstärkungsfaktor

$$\beta = \frac{D_B N_E L_E}{D_E N_B w}$$

abschätzen. Der Diffusionskoeffizient im Basisgebiet könnte etwa zehnmal so groß wie der im Emittergebiet sein, also $D_B/D_E \approx 10$. Für N_E nehmen wir wieder 10^{15} cm^{-3} und für $N_B = 10^{13}$ cm^{-3}. Für die Diffusionslänge der Löcher im Emittergebiet kannst du den Wert $L_E = 30$ µm ansetzen. Dann erhältst du

$$\beta = \frac{D_B N_E L_E}{D_E N_B w} = 10 \cdot \frac{10^{15}\,\text{cm}^{-3} \cdot 3\,\mu\text{m}}{10^{13}\,\text{cm}^{-3} \cdot 1\,\mu\text{m}} = 10 \cdot 100 \cdot 3 = 3000.$$

5.1.4 Praxisrelevant: Das Kennlinienfeld eines Bipolartransistors

Für schaltungstechnische Anwendungen eines Transistors werden wie bei anderen Bauelementen *Kennlinienfelder* benötigt. Sie geben den Zusammenhang der jeweiligen Ströme und Spannungen grafisch wieder. Während bei einer Diode lediglich der Strom als Funktion der Spannung dargestellt werden muss, sind bei einem Transistor mehrere Größen in ihrer gegenseitigen Abhängigkeit wiederzugeben.

In etlichen Situationen verwendet man Transistoren in Basisschaltung. Das ist zwar nicht die häufigste Betriebsart, aber für uns gut zu überblicken. Darin ist der Basisstrom die steuernde Größe, und das resultierende Verhalten von Strom und Spannung vor allem im Ausgangskreis ist von Interesse. Das wird im sogenannten *Ausgangskennlinienfeld* dargestellt, wie es in Abb. 5.7 zu sehen ist; es ist das wichtigste. Eigentlich gibt es noch drei weitere Kennlinienfelder, aber dieses reicht, damit du ein Grundverständnis bekommst. Wie du in der Abbildung erkennst, wird die Abhängigkeit des Kollektorstroms I_C (also im Ausgangskreis) von der Kollektor-Basis-Spannung U_{CB} für unterschiedliche Emitterströme I_E (also im Eingangskreis) dargestellt, also I_C als Funktion von I_E und U_{CB}. Du stellst fest, dass die Kurven zwar anfänglich stark ansteigen, bei größeren Werten der Emitter-Kollektor-Spannung U_{EC} jedoch kaum noch wachsen.

Das Zustandekommen dieser Kennlinienschar kannst du dir leicht klarmachen: Der Basis-Kollektor-Übergang ist, wie du dich erinnerst, im Normalfall ein in Sperrrichtung gepolter pn-Übergang. Wäre die Basis-Emitter-Spannung null, so würde die Darstellung von I_C über U_{CB} einfach die Kennlinie einer in Sperrrichtung gepolten Diode sein, bei unserer Achsenwahl allerdings um den Nullpunkt der Ab-

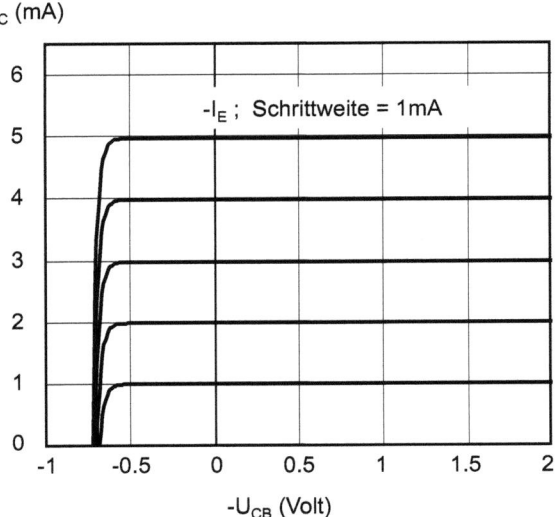

Abb. 5.7 Ausgangskennlinienfeld des Bipolartransistors in Basisschaltung (Der Emitterstrom hat negative Werte)

bildung um 180° gedreht. Wende das Buch um, dann kannst du vielleicht diese Sperrkennlinie wiedererkennen. Wird jetzt eine Spannung U_CB zwischen Kollektor und Basis angelegt, so fließt ein Emitterstrom I_E, und die Sperrkennlinie wird (nahezu) parallel nach oben verschoben. Der Kollektorstrom I_C wird also dadurch verstärkt. Diese Verstärkung wird durch die Gleichung

$$j^\mathrm{C} = \alpha j^\mathrm{E} + c \cdot j_\mathrm{C} \left(e^{\frac{eU_\mathrm{CB}}{k_\mathrm{B}T}} - 1 \right) \tag{5.6}$$

beschrieben. Sie soll nicht im Detail hergeleitet werden, aber ich denke, du erkennst ungefähr die Gleichung der Dioden-Sperrkennlinie wieder. Die Vorfaktoren α und $c \cdot j_\mathrm{C}$ sind hier weitgehend uninteressant. Die Ströme haben wir hier wieder, wie sonst auch, durch die Stromdichten ersetzt, und wir haben nur die Beträge genommen.

Unbedingt müssen wir noch einmal festhalten, dass die soeben angegebene Kennliniengleichung des Bipolartransistors analog zur Strom-Spannungs-Kennlinie eines pn-Übergangs durch eine Exponentialfunktion dargestellt wird. Das ist wichtig zur Unterscheidung vom Feldeffekttransistor, den du nachher kennenlernst.

In der sehr häufig verwendeten Emitterschaltung sind die Verhältnisse übrigens ähnlich, denn es ist $U_{EC} = U_{EB} - U_{CB}$, was ganz grob auf eine Parallelverschiebung hinausläuft.

5.2 Der Feldeffekttransistor

Die beiden typischen Vertreter stromsteuernder Bauelemente sind, wie schon erwähnt, Bipolartransistor und Feldeffekttransistor (MOSFET). Nachdem wir gerade den Bipolartransistor unter die Lupe genommen haben, wenden wir uns jetzt dem Feldeffekttransistor zu. Auch hier werden wir, und zwar mittels einfacher Überlegungen, eine Kennliniengleichung entwickeln. Der Feldeffekttransistor ist, wie sich herausstellen wird, spannungsgesteuert.

5.2.1 Wie ist ein MOSFET aufgebaut?

Wenn du jetzt die Funktion des Bipolartransistors verstanden hast, wirst du den Feldeffekttransistor erst recht in den Griff kriegen. Was ist ein Feldeffekttransistor? Feldeffekttransistoren sind Halbleiterbauelemente, bei denen der Strom im Ausgangskreis durch ein elektrisches Feld und nicht durch einen Strom wie beim Bipolartransistor gesteuert wird. Im Gegensatz zu Bipolartransistoren arbeiten sie deshalb leistungslos – ein großer Vorteil, wie du sofort bemerkst.

Es gibt gleich mehrere Typen von Feldeffekttransistoren. Der wichtigste ist der *Metalloxid-Feldeffekttransistor (engl. metal-oxide-semiconductor field effect transistor*, MOSFET). Komm, ich erklär dir zuerst den Aufbau. Schau dir dazu Abb. 5.8 an.

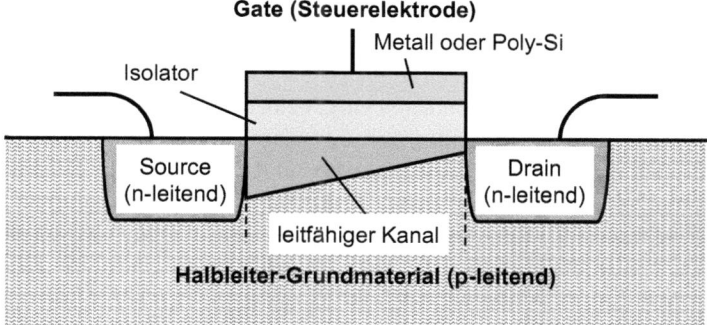

Abb. 5.8 Prinzipieller Aufbau eines Feldeffekttransistors, hier als NMOS

Du erkennst drei wichtige Kontakte: Links befindet sich die Quelle (*Source*). Das ist die Stelle, an der der Strom eingespeist wird. Auf der rechten Seite haben wir den Auslauf (*Drain*). Wie fast immer, werden hier die Begriffe aus dem Englischen benutzt. In der Mitte befindet sich oben eine Steuerelektrode, das Tor (*Gate*). Darunter siehst du eine Isolationsschicht, und unter dieser soll ein leitfähiger Kanal entstehen. Wie – darüber sprechen wir gleich noch. Du siehst aber schon sehr richtig, dass diese Anordnung einen Kondensator darstellt. Nur befindet sich anstelle der unteren Platte eben ein leitender Kanal im Silizium und anstelle der oberen Platte in der Regel eine Schicht Polysilizium. Polysilizium ist genau so leitfähig wie Metalle, hat aber den Vorteil, dass es gut in den Halbleiterfertigungsprozess integriert werden kann.

Durch Anlegen einer Steuerspannung an das Gate sammeln sich auf der gegenüberliegenden Seite der Isolationsschicht im Halbleiter Ladungen an, genau wie bei einem „echten" Kondensator. Der einzige Unterschied besteht darin, dass hier die Ladungen nicht wie im Metall nur an der Oberfläche sitzen, sondern sich ein Stück in das Halbleiterinnere hinein erstrecken. Diese Ladungen bewirken, dass sich in der Halbleiterschicht zwischen Source und Drain die Leitfähigkeit erhöht – je mehr Ladungen, desto höher die Leitfähigkeit im Kanal. Damit kann der Strom, der zwischen Source und Drain fließen soll, leistungslos gesteuert werden.

Wenn unser MOSFET ein p-leitendes Grundmaterial besitzt, aber Source und Drain aus n-Silizium bestehen, spricht man von NMOS. In sehr vielen Fällen benötigt man auch die dazu komplementäre Struktur, bei der sich p-Elektroden auf n-Substrat befinden (PMOS).

5.2.2 Elektronen im „Canal Grande"

Nun schauen wir uns an, wie die Steuerung beim MOSFET funktioniert. Wie immer kann man dazu beliebig komplizierte Modelle entwickeln. Ich will versuchen, es möglichst einfach zu erklären. Dieses hier beschriebene einfache Modell heißt *Ladungssteuerungsmodell*.

Entscheidend für das Funktionieren eines Feldeffekttransistors ist der leitende Kanal zwischen Source und Drain (Abb. 5.9). Das habe ich dir ja gerade erklärt. Bringst du auf das Gate eine Ladung, so wird auf der anderen Seite ebenfalls eine Ladung induziert. Der Kanal entsteht also durch induzierte Ladungen infolge der am Gate anliegenden Spannung U_G. Wenn nun zwischen Drain und Source eine Spannung U_{DS} angelegt wird, dann kann über diesen jetzt leitenden Kanal ein Strom fließen. Erinnerst du dich noch, dass es Feldströme und Diffusionsströme gibt? Na klar! Der Strom hier ist, wie in jedem ordentlichen Leiter, ein reiner Feld-

5.2 Der Feldeffekttransistor

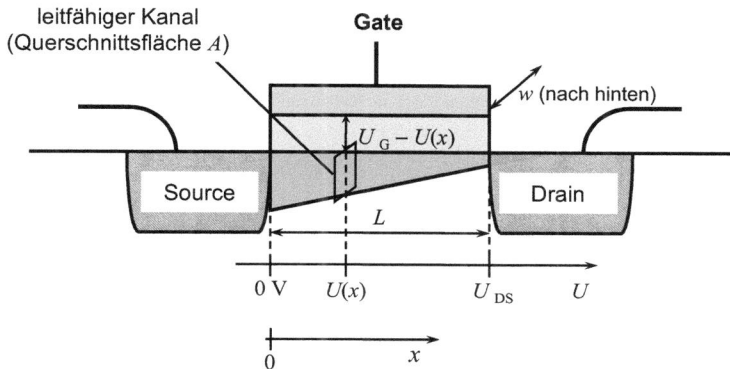

Abb. 5.9 Zur Wirkungsweise des Feldeffekttransistors. Die eingezeichnete Querschnittsfläche A (hier ortsabhängig) benötigen wir zur Erklärung der Wirkungsweise

strom (auch Driftstrom genannt), der komplett von einer Sorte von Ladungsträgern getragen wird, in unserem Fall von Elektronen. Diffusionsströme spielen im Gegensatz zu Bipolartransistoren keine Rolle. Na, das klingt doch schon mal gut, nicht wahr?

Nun gibt es aber in jedem Leiter einen Spannungsabfall. Die zwischen Source und Drain anliegende Spannung sorgt dafür, dass das Potenzial gleichmäßig über die gesamte Leiterlänge abfällt. Das hieße ja aber, dass zu dem Gate-Potenzial noch ein x-abhängiges Potenzial hinzukommt! Das könnte ärgerlich werden. Aber keine Sorge, solange die Drain-Source-Spannung U_{DS} klein ist, wird dieser Effekt noch keine Rolle spielen. Der Widerstand ist unter dieser Annahme überall im Kanal der gleiche und der Strom wie in jedem Leiter proportional zur angelegten Spannung, hier also zu U_{DS}. Nach dem Ohm'schen Gesetz haben wir demnach

$$I = \frac{1}{R} \cdot U_{DS}$$

Wie du schon bemerkt hast, lieben es die Halbleiterleute, mit mikroskopischen Größen zu hantieren. Auch wir drücken wie üblich den Widerstand durch die Leitfähigkeit σ aus, $R = \frac{\rho L}{A} = \frac{L}{\sigma A}$, wie in Abschn. 3.1.1. L ist die Länge des leitenden Kanals, A seine Querschnittsfläche. Hier ist sie, im Gegensatz zu Abb. 5.9, noch überall gleich. Anschließend ersetzen wir σ durch die Elektronenkonzentration n und die Beweglichkeit μ – du weißt ja, es ist $\sigma = e \mu n$. Somit erhalten wir:

$$I = \frac{\sigma A}{L} \cdot U_{DS} = \frac{e\mu n A}{L} \cdot U_{DS} \qquad (5.7)$$

Die Ladungsträgerdichte n finden wir nun aus der induzierten elektrischen Ladung $Q = C_G \cdot U_G$ mithilfe der Kapazität C_G des erwähnten „Gate-Kondensators":

$$en = \frac{Q}{AL} = \frac{C_G \cdot U_G}{AL}$$

(pro Volumeneinheit). Du weißt ja, dass Ladung gleich Kapazität mal Spannung ist, hier also $en \cdot$ Volumen $= Q = C_G \cdot U_G$. Damit entsteht nun aus Gl. 5.6 die folgende Gleichung:

$$I = \frac{C_G \cdot U_G \mu A}{AL^2} \cdot U_{DS} = \frac{C_G \mu}{L^2} \cdot U_{DS} U_G \qquad (5.8)$$

Sieht kompliziert aus, aber wie du gesehen hast, steckt ja nicht so arg viel dahinter, nicht wahr? Die Querschnittsfläche ist zum Glück schon einmal herausgefallen.

Dieses Ergebnis hieße nun, dass der Strom immer proportional zur Gate-Spannung wäre. Das erscheint aber nicht glaubhaft – irgendwo muss es damit ja ein Ende haben. Die Lösung liegt in Folgendem:

Wir waren von einer kleinen Drain-Source-Spannung ausgegangen. Jetzt würden wir diese Spannung aber auch gern erhöhen, sodass ein größerer Strom fließen kann. Dummerweise hängt die Potenzialdifferenz zwischen Gate und Kanal aber dann vom Ort x ab. Das bedeutet jedoch, dass die induzierten Ladungen und dadurch die Kapazität sinken, je näher man von der Source- zur Drain-Elektrode kommt. So ist es ja auch in Abb. 5.9 eingezeichnet. Der Kanal ist also links breiter, nach rechts hin wird er schmaler. Versuchen wir doch einmal, diese Ortsabhängigkeit zu berücksichtigen. Wir können das tun, indem wir statt der überall konstanten Gate-Spannung U_G eine ortsabhängige Spannung $U_G(x)$ einführen. Und wir nehmen versuchsweise einmal an, dass diese von ihrem Maximalwert U_G bei $x = 0$ bis auf null am Ende das Kanals kontinuierlich abfällt. Natürlich ist das noch sehr willkürlich, aber wie überall in der Physik kann man es ja erst einmal mit einem einfachen Ansatz probieren. Und wenn du noch weiter vereinfachst, kannst du sogar einen mittleren Potenzialwert verwenden, also

$$U_G \to U_G - \frac{U_{DS}}{2}$$

5.2 Der Feldeffekttransistor

ersetzen, das heißt, U_G wird näherungsweise um die halbe Drain-Source-Spannung verringert. Damit gelangst du anstelle von Gl. 5.7 zu der verbesserten Kennliniengleichung

$$I = \frac{\mu_e C_G}{L^2} U_{DS} \left(U_G - \frac{U_{DS}}{2} \right) = \frac{\mu_e C_G}{L^2} \left(U_G U_{DS} - \frac{1}{2} U_{DS}^2 \right), \tag{5.9}$$

Die Physiker wollen es natürlich in der Regel gerne noch genauer wissen. Dazu müssen sie den Kanal sozusagen als Reihenschaltung von differenziell kleinen Widerstandselementen auffassen. Bei einer solchen Rechnung wird die Ortsabhängigkeit berücksichtigt, allerdings kommt man dann ohne eine Integration nicht mehr hin. Aber das Ergebnis ist dasselbe. Wir hatten also mit unserem Ansatz Glück. Wunderbar – wir konnten uns dadurch gerade eine Integration beziehungsweise das Lösen einer Differenzialgleichung ersparen.

Gl. 5.8 stellt die Strom-Spannungs-Kennlinie unseres Bauelements dar. Weil zwischen Gate und Substrat kein Strom fließt, ist der Feldeffekttransistor tatsächlich ein rein spannungsgesteuertes Bauelement.

Zur Wiederholung und Ergänzung
Jetzt kannst du gleich ein wenig üben und prüfen, ob du bis hierher alles verstanden hast. Leite doch gleich aus Gl. 5.8 den Strom-Spannungs-Zusammenhang für kleine Drain-Source-Spannungen U_{DS} wieder her.

Das Ergebnis kannst du ja leicht hinschreiben. Du darfst nämlich den in U_{DS} quadratischen zweiten Term aus folgendem Grund weglassen: Wenn du kleine Größen quadrierst, werden sie bekanntlich noch kleiner. Du bekommst also

$$I = \frac{\mu_e C_G}{L^2} \left(U_G U_{DS} - \frac{1}{2} U_{DS}^2 \right) \approx \frac{\mu_e C_G}{L^2} U_G U_{DS}.$$

Du kannst nun auch noch für diesen linearen Bereich den Leitwert des Kanals angeben. Er folgt aus

$$Y = \frac{I}{U_{DS}} = \frac{\mu_e C_G}{L^2} U_G,$$

und er hängt, wie du siehst, von der Gate-Spannung ab.

In Wirklichkeit bildet sich der leitfähige Kanal allerdings erst oberhalb einer gewissen Schwellspannung, die zu seiner Bildung überwunden sein muss; dadurch wird Gl. 5.8 noch geringfügig modifiziert. Das Prinzip erkennst du jedoch auch so.

Abb. 5.10 Kennlinienschar eines Feldeffekttransistors in quadratischer Näherung gemäß Gl. 5.8. Gestrichelt: Grenze des Sättigungsgebiets ($U_{DS} = U_G$)

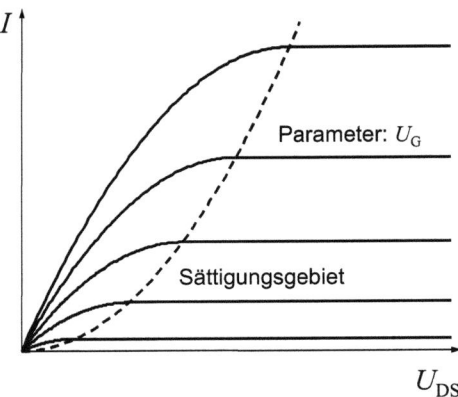

Die durch unsere Gleichung beschriebene Kennlinienschar hängt, wie du sehen kannst, quadratisch von U_G ab; sie ist in Abb. 5.10 dargestellt. Diese Beziehung gilt aber bestenfalls, bis $U_{DS} = U_G$ erreicht ist. An dem x-Wert, an dem dies passiert, ist nämlich die Kondensatorspannung null, und es kann sich von da an auf Halbleiterseite auch kein Ladungskanal mehr bilden. Tja, was machen wir denn dann? Die Voraussetzung für die Leitfähigkeit entsprechend dem Ohm'schen Gesetz, wie oben angenommen, gilt dann nicht mehr. Der Sättigungsstrom wird von da an einfach als konstant *angesetzt* – so einfach macht man sich das. Er ergibt sich aus dem Maximalwert von U_{DS}. Von diesem Wert an sind die Kennlinien näherungsweise konstant. Wir müssen dann einfach schreiben:

$$I(U_{DS}) = \frac{\mu_e C_G}{L^2} \frac{U_G^2}{2} = \text{const} \quad \text{für } U_{DS} > U_G \tag{5.10}$$

Du erinnerst dich, dass im Gegensatz dazu bei einem Bipolartransistor die Kennlinie keine quadratische, sondern eine exponentielle Abhängigkeit von der Spannung im Ausgangskreis aufwies.

Noch etwas möchte ich erwähnen: Ein großer Vorzug der MOS-Technologie ist die Möglichkeit der sogenannten *Skalierung*. Sie erlaubt den Übergang zu immer kleineren Abmessungen, ohne dass jedes Mal das gesamte Design prinzipiell verändert werden muss. Weil mit der MOS-Technik insbesondere sehr kleine Strukturen realisiert werden können, erreicht man auf diese Weise höchste Integrationsdichten. Das bedeutet, dass solche Strukturen gerade für Smartphones von Bedeutung sind, wo man mit dem Platz ausgesprochen geizen muss.

5.2 Der Feldeffekttransistor

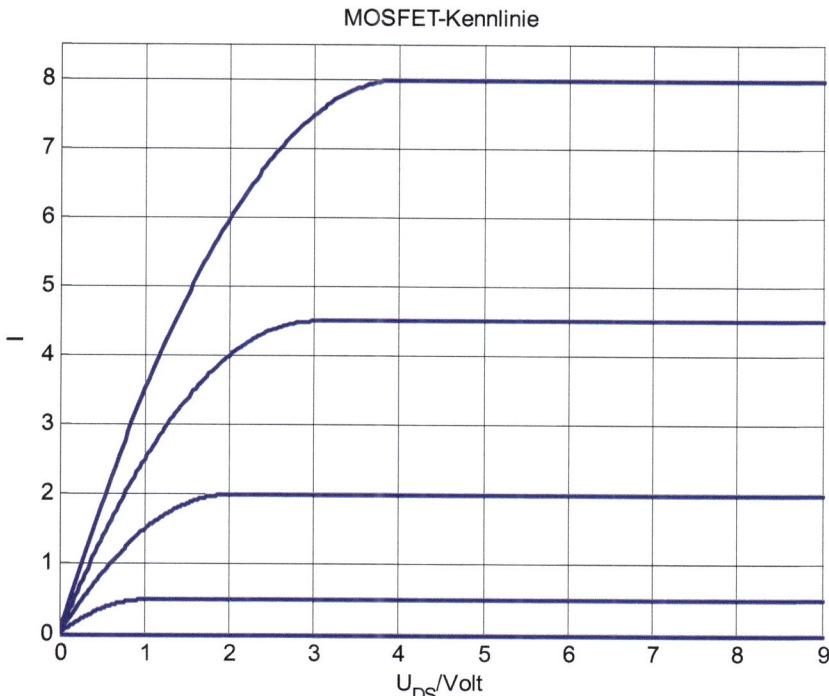

Abb. 5.11 Berechnetes Kennlinienfeld

Zur Wiederholung und Ergänzung

Skizziere doch jetzt einmal selbst ein MOSFET-Kennlinienfeld. Benutze dazu Gl. 5.8. Den Vorfaktor $\mu_e C_G/L^2$ kannst du ruhig auf eins setzen, das heißt, du legst dich auf konkrete Ströme nicht fest. Als Parameter kannst du wählen: $U_G = 0$ bis 4 in Schritten von 1 V, U_{DS} zwischen 0 und 9 V. Diese Aufgabe lässt sich schon mit dem Taschenrechner lösen, aber bequemer ist es natürlich, wenn du ein Numerikprogramm wie zum Beispiel *MATLAB* oder *Octave* zur Verfügung hast und dich damit auskennst. Hilfe erhältst du zum Beispiel unter Octave (2024) oder bei MATLAB (2024) beziehungsweise in meinem Buch (Thuselt und Gennrich 2013).

Mit den vorgegebenen Zahlenwerten erhältst du die in Abb. 5.11 dargestellte Kurvenschar.

Das war doch wirklich nicht schwer, oder? Wenn du nicht alle Werte einzeln ausrechnen willst, benutzt du, wie ich dir schon vorgeschlagen habe, MATLAB oder Octave. Im Übungsteil stelle ich den Code hierzu vor.

Jetzt hast du die beiden typischen Transistortypen kennengelernt: den Bipolartransistor und den Feldeffekttransistor. Du kannst jetzt sogar die Kennlinienbilder zeichnen. Dazu gehörten eine Menge Einzelheiten, die wichtigsten wollen wir in der Zusammenfassung noch einmal auflisten.

5.3 Zusammenfassung zu Kapitel 5

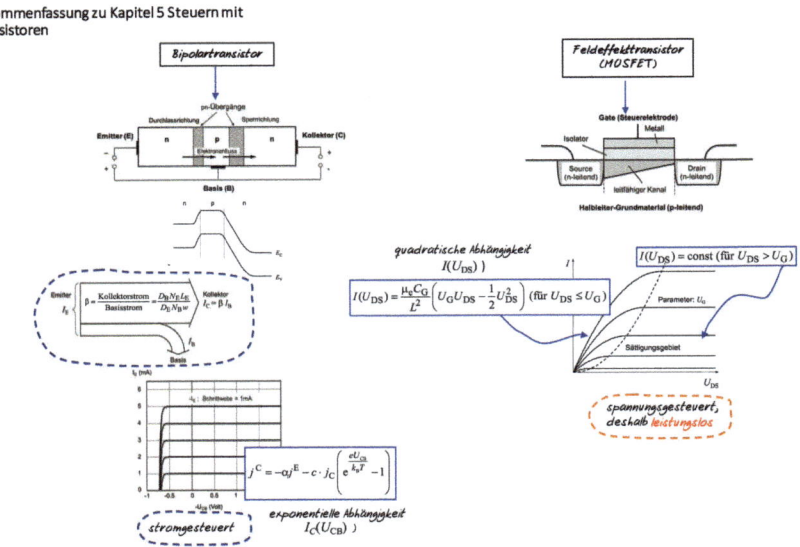

Literatur

MATLAB (2024) https://de.mathworks.com/products/matlab.html. Zugegriffen am 10.06.2025

Octave (2024) HTML-Hilfe zu Octave. https://docs.octave.org/interpreter/index.html. Zugegriffen am 22.06.2025

Thuselt F, Gennrich FP (2013) Praktische Mathematik mit MATLAB; Scilab und Octave. Springer Spektrum, Berlin

Es werde Licht – ein bisschen Optoelektronik 6

Lumineszenzdioden (engl. *light emitting diode*, *LED*) sind die einfachsten lichtemittierenden Halbleiterbauelemente. Damit Licht in einem Halbleiter entstehen kann, müssen Elektronen mit Löchern strahlend rekombinieren. Zur Erinnerung: Bei der Rekombination vereinigen sich Elektron und Loch und heraus kommt – ein Photon. Man kann es auch anders formulieren: Das Elektron kehrt aus dem Leitungsband zurück ins Valenzband und besetzt dort den freien Platz des Loches. Die frei werdende Energie wird als Licht abgestrahlt – ich finde jedoch das Modell mit Elektronen und Löchern besser. Neben LEDs dienen auch Laserdioden der Lichtemission. Sie sind gleichsam die Nobelversion der LEDs. Und schließlich gibt es auch für den umgekehrten Prozess genügend Anwendungen, nämlich in Absorptionsbauelementen und vor allem Solarzellen. Das alles wirst du in diesem Kapitel kennenlernen.

6.1 Eine notwendige Vorbemerkung: Direkte und indirekte Halbleiter

Zum besseren Verständnis müssen wir an dieser Stelle noch einige Erkenntnisse aus der Halbleiterphysik ergänzen. Dabei komme ich noch einmal auf das frühere Problem der gleichberechtigten Leitungsbänder bei Silizium und Co. zu sprechen. Während wir bisher immer nur über räumliche Verhältnisse und über Energien gesprochen haben, müssen wir bedenken, dass darüber hinaus der Impuls eine wichtige physikalische Grundgröße ist.

Ergänzende Information Die elektronische Version dieses Kapitels enthält Zusatzmaterial, auf das über folgenden Link zugegriffen werden kann [https://doi.org/10.1007/978-3-662-70541-4_6].

© Der/die Autor(en), exklusiv lizenziert an Springer-Verlag GmbH, DE, ein Teil von Springer Nature 2025
F. Thuselt, *Halbleiterphysik leicht verständlich*,
https://doi.org/10.1007/978-3-662-70541-4_6

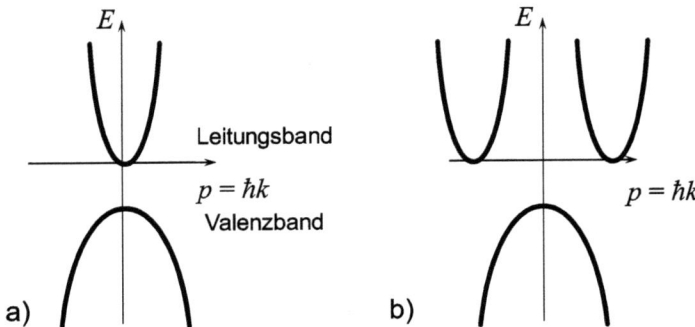

Abb. 6.1 Energien der Elektronen im Leitungsband und der Löcher im Valenzband für direkte (**a**) und indirekte (**b**) Halbleiter. Auf der waagerechten Achse, der p-Achse, sind die Impulse aufgetragen, an deren Stelle wir wegen $p = mv$ auch die Geschwindigkeiten einsetzen könnten

In Abb. 6.1 ist der Zusammenhang zwischen Energie und Impuls (beziehungsweise Energie und Geschwindigkeit, wegen $p = mv$) von Elektronen und Löchern schematisch dargestellt. (Ich muss dich daran erinnern, dass du statt vom „Impuls" eigentlich vom Quasiimpuls sprechen musst, wenn du nicht in der Halbleiter-Community gleich gebrandmarkt sein willst.)

Du erkennst anhand der Abbildung sofort, dass es offenbar zwei Sorten von Halbleitern gibt: solche, bei denen die Impulse der Elektronen um $p = 0$ herum liegen (Abb. 6.1a), und solche, bei denen die Elektronen bereits bei der kinetischen Energie null schon einen „Grundimpuls" p_0 haben, selbst wenn sie ganz unten im Leitungsband sitzen (Abb. 6.1b). Diese Elektronen rennen also bereits durch den Kristall trotz fehlender kinetischer Energie! Dieser scheinbare Widerspruch liegt darin, dass wir es eben nicht mit wirklich freien Teilchen zu tun haben, sondern mit Quasiteilchen im Kristallgefüge. Derartige Erscheinungen gibt es eben nur in der Quantenmechanik ...

Um es noch einmal zu wiederholen: Der untere Leitungsbandrand kann im Impulsraum direkt über dem Valenzbandrand liegen (wie in Abb. 6.1a) oder an einer davon entfernten Position (wie in Abb. 6.1b). Dementsprechend unterscheidet man *direkte* von *indirekten Halbleitern* Diese Unterscheidung ist nun hier für die Optoelektronik wichtig.

Unsere Abbildung stellt übrigens nur ein ebenes Modell dar; in Wirklichkeit sind die Impulse auch noch räumlich verteilt, und zwar so, dass normalerweise keine Raumrichtung bevorzugt ist.

Indirekte Halbleiter besitzen nicht nur eines, sondern gleich mehrere gleichberechtigte Leitungsbandminima. Jedes dieser Minima bezeichnet man auch als *Tal*, weil die Elektronen von höheren Energiezuständen aus förmlich in sie wie in

6.1 Eine notwendige Vorbemerkung: Direkte und indirekte Halbleiter

ein Tal „hineinrutschen". Nun weißt du also, wodurch die einzelnen Leitungsbandminima gekennzeichnet sind, von denen wir in Abschn. 2.1.1 schon gesprochen haben. Sie unterscheiden sich durch ihre „Lage" im Impulsraum! Die Löcher sind dagegen immer nur um die Mitte des Impulsraumes herum verteilt. Warum? Es ist eben einfach so, ich kann dir in der Kürze keine plausible Erklärung liefern.

Nun könntest du fragen, wieso bei einem endlichen Impuls und damit endlicher Geschwindigkeit der Elektronen trotzdem normalerweise kein Stromfluss zustande kommt. Die Antwort ist einfach: In direkten Halbleitern gibt es zu jeder Geschwindigkeit v eine Geschwindigkeit $-v$, sodass sich beide herausmitteln. Und in indirekten Halbleitern sind die Täler im Raum so angeordnet, dass sich auch alle Grundimpulse p_0 oder Grundgeschwindigkeiten v_0 im Raum zu null addieren. In der Summe schwirren ebenso viele Teilchen in der einen wie in der anderen Richtung, also gibt es insgesamt makroskopisch keine Bewegung.

Voraussetzung für ein effizientes lichtemittierendes Bauelement ist natürlich eine hohe Wahrscheinlichkeit strahlender Übergänge. Hierfür kommen vor allem Halbleiter mit der soeben erwähnten direkten Bandstruktur infrage. Bei ihnen sind optische Übergänge vom Leitungs- in das Valenzband unter Berücksichtigung des Energieerhaltungssatzes mit ziemlich großer Wahrscheinlichkeit möglich. Die frei werdende Energie wird vom Photon abgeführt. In Abb. 6.2 habe ich das auf der lin-

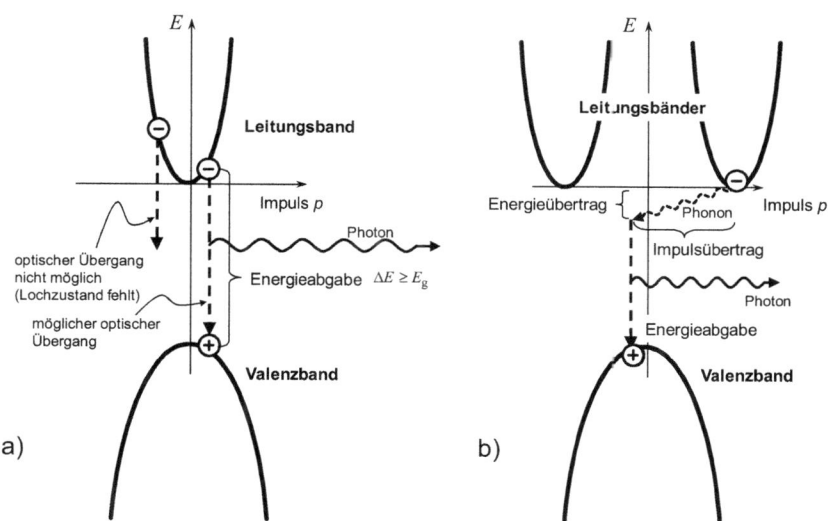

Abb. 6.2 Rekombinationsmechanismen im direkten (**a**) und im indirekten Halbleiter (**b**)

ken Seite dargestellt. Dort ist auch zu erkennen, dass Licht mit kleinerer Energie als des Gaps (Bandlücke) nicht erzeugt werden kann. Den Elektronen würde ein passender Partner im Valenzband fehlen.

Anmerkung: Wie fast immer, gibt es auch hier Ausnahmen. Durch Störstellen können auch Zustände innerhalb des Gaps bereitgestellt werden, sodass dann auch Licht mit Energien geringfügig kleiner als E_g abgestrahlt werden kann. Darüber bald mehr.

Etwas anders sieht die Sache in den indirekten Halbleitern aus. Bei ihnen liegen die niedrigsten Zustände der Leitungsbandelektronen im Impulsraum nicht direkt über dem Valenzbandmaximum. Die Elektronen, so haben wir gesagt, besitzen dort schon einen Grundimpuls. Beim Rekombinieren könnte das entstehende Photon zwar die Energie wegtragen, aber nicht auch noch die hier große Impulsdifferenz. Dazu wird ein weiterer Partner benötigt. Zum Glück gibt es bei höheren Temperaturen im Halbleiter Gitterschwingungen, das sind ständige Hin- und Herbewegungen der Gitteratome um ihre Ruhelage.

Die Physiker sind es gewohnt, allen Schwingungen im mikroskopischen Bereich auch Teilcheneigenschaften zuzugestehen. Sie nennen deshalb ein „Gitterschwingungsteilchen" *Phonon*, in Anlehnung an das Lichtschwingungsteilchen, das Photon. Solch ein Phonon ist nun ein geeigneter Partner, um jenen großen Impuls aufzunehmen, der bei der Rekombination im indirekten Halbleiter frei wird, ohne gleich zu viel Energie wegzutragen. In Abb. 6.2b siehst du das. Leider muss dazu das Phonon ebenfalls gerade dort präsent sein, wo sich Elektron und Loch vereinigen wollen. Kurz als Formel ausgedrückt, schreiben wir:

$$e + h \quad Photon + Phonon$$

Es müssen also gleich drei Teilnehmer zusammenkommen, damit etwas passiert. Ganz offensichtlich schwieriger, nicht wahr? Deshalb sind solche Dreierprozesse eben unwahrscheinlicher als die Zweierprozesse im direkten Halbleiter.

Was sagt uns das alles nun über mögliche Lumineszenzmaterialien? Kurz ausgedrückt, indirekte Halbleiter sind wesentlich schlechtere Kandidaten für LEDs als direkte Halbleiter. Du wirst also zum Beispiel keine LED finden, die aus Silizium gefertigt ist, denn das ist ja gerade ein solches indirektes Material. Du vermutest es ja schon: Auch hier gibt es wieder eine Ausnahme – Galliumphosphid (GaP), ein ziemlich effektiver grün leuchtender Halbleiter, ist zwar ebenfalls indirekt, dotiert man dieses Material jedoch mit Stickstoff, wird die Impulsübertragung von einer Gitterverzerrung in der Umgebung der Stickstoffstörstellen bewirkt. *Merke*: Stickstoff ist weder Donator noch Akzeptor, sondern eine sogenannte *isoelektronische*, bringt also weder Elektron noch Loch mit. Seine einzige Funktion ist die Gitterverzerrung, welche eine Rekombination wie in direkten Halbleitern ermöglicht. Die Nomenklatur für diese Dotierung lautet GaP:N. *Störstelle*

Nur noch, ganz wichtig, einmal zur Erinnerung: Das, was wir hier besprochen haben, bezieht sich alles auf den Impulsraum, es hat nichts mit einer Struktur im Ortsraum zu tun.

6.2 Optische Emission: Der Halbleiter offenbart sein Innenleben

Lumineszenz, das ist dir ja bekannt, ist die Aussendung von Licht durch Rekombination von Elektronen mit Löchern. Im Teilchenbild beschreiben wir Licht durch Photonen. Schematisch haben wir ein Lumineszenzereignis deshalb wie eine chemische Reaktion beschrieben:

$$e + h \rightarrow \text{Photon}$$

Der umgekehrte Prozess, die , ist darstellbar durch:

$$\text{Photon} \rightarrow e + h$$

Der Zerfall eines Elektron-Loch-Paares ist, leider, ebenso wahrscheinlich wie seine Erzeugung. Wie kriegt man es jetzt hin, dass trotzdem die Emission, also der Zerfall, überwiegt? Dazu müssen im Leitungsband deutlich mehr Elektronen und gleichzeitig im Valenzband deutlich mehr Löcher vorhanden sein als im Normalfall. In einem n-Halbleiter gibt es nun zwar viele Elektronen, aber nur wenige Löcher. Umgekehrt hat ein p-Halbleiter viele Löcher, aber nur ganz wenige Elektronen. Das sagt uns schon das Massenwirkungsgesetz, das du bereits in Abschn. 2.1.4 kennengelernt hast. Es bedeutet ja, dass das Produkt

$$np = n_i^2 = \text{const}$$

konstant ist. Wird die Konzentration einer Ladungsträgersorte, zum Beispiel der Elektronen n, größer, so muss zwangsläufig die Konzentration der anderen Sorte sinken; in unserem Beispiel ist es dann p. Damit wäre für die gewünschte Emission nichts gewonnen. Nur in einem Fall ist es anders. Wie kann das sein? Das Massenwirkungsgesetz gilt nur im Falle des Gleichgewichtszustandes, nur dort ist der Ausdruck n_i^2 eine Konstante. An einem pn-Übergang haben wir aber kein Gleichgewicht. Dort werden von der einen Seite Löcher und von der anderen Seite Elektronen hineingeschwemmt. Beide Ladungsträger sind dann gleichzeitig in hoher Zahl vorhanden. Dadurch ist jetzt die Voraussetzung für eine große Rekombinationsrate gegeben. Die auf diese Weise vorhandenen Ladungsträger sind zwar nach ihrer Rekombination verschwunden, es werden aber sogleich andere durch den elektrischen Strom nachgeliefert – der Prozess erlischt nicht gleich wieder, sondern setzt sich fort.

Noch eine weitere Situation kann für solch ein Ungleichgewicht sorgen. Statt durch elektrischen Strom wie am pn-Übergang können Ladungsträger auch durch Licht genügend hoher Energie erzeugt werden. Man strahlt beispielsweise mit intensivem Laserlicht auf den Halbleiter und erzeugt auf diese Weise durch Absorption eine hohe Ausbeute an Elektronen und Löchern im Leitungs- und Valenzband. Auch hier haben wir kein Gleichgewicht mehr. Und außerdem wirst du einwenden: Wozu erzeugt man diese Elektronen und Löcher, wenn sie doch gleich wieder rekombinieren? Nun, sie fallen augenblicklich auf tieferliegende Niveaus herunter, und man kann sie dort mittels zeitaufgelöster Spektroskopie beobachten. Diese Methode bezeichnet man als Photolumineszenz. Das ist nicht irgendetwas, sondern eine der besten Methoden, um Halbleitereigenschaften zu detektieren.

Da Elektronen und Löcher im Halbleiter in ihren Bändern jeweils über einen ganzen Energiebereich verteilt sind, entsteht bei der Rekombination keine Strahlung mit scharf definierter Wellenlänge, sondern mit breiter Spektralverteilung. Die Elektronen sitzen ja in vielen möglichen Zuständen oberhalb der jeweiligen Bandkante. Je weiter man zu höheren Energien kommt, desto mehr Zustände gibt es, nur nimmt gegenläufig die Besetzungswahrscheinlichkeit ab. Bei einen Wert $k_B T/2$ von der jeweiligen Bandkante entfernt findet man die meisten Elektronen. Bei den Löchern verhält es sich ähnlich, nur müssen wir nach unten schauen, wie du weißt. Im Ergebnis entsteht für die Kombination beider Zustände ein Intensitätsverlauf wie in Abb. 6.3 mit einem Maximum bei $k_B T/2$.

In Abb. 6.4 ist die entsprechende Kurve als Resultat einer Messung im Galliumarsenid (GaAs) zu sehen. Achtung! In dieser Abbildung sind die Achsen nicht in Energieeinheiten, sondern in Wellenlängen dargestellt, deren Zählung von rechts

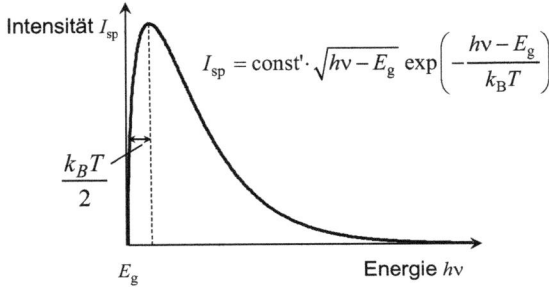

Abb. 6.3 Typischer Intensitätsverlauf der Lumineszenz in Abhängigkeit von der Energie des emittierten Lichts

$$I_{sp} = \text{const}' \cdot \sqrt{h\nu - E_g} \exp\left(-\frac{h\nu - E_g}{k_B T}\right)$$

6.2 Optische Emission: Der Halbleiter offenbart sein Innenleben 121

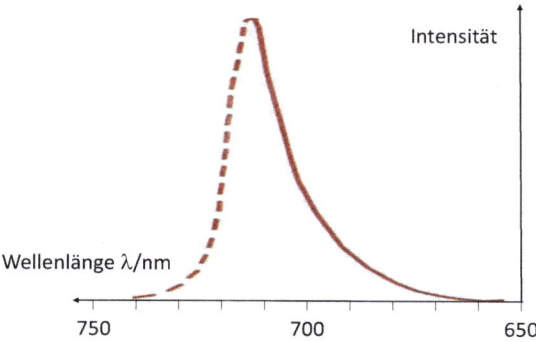

Abb. 6.4 Photolumineszenzspektrum eines Leitungsband-Valenzband-Übergangs im Galliumarsenid (GaAs) bei einer Temperatur von 373 K (entsprechend 127 °C), allerdings unter hohem Druck gemessen. Die durchgezogene Kurve entspricht der Theorie entsprechend Abb. 6.3, die gestrichelte Fortsetzung auf der linken Seite kommt durch statistische Schwankungen zustande. (Nach Yu und Cardona 1996, Abb. 7.3)

nach links geht. Die Zählung der Energie ist deshalb wegen $E = 1240$ eV nm/λ (Gl. 1.4) von links nach rechts, aber nichtlinear. Rechne doch selbst einmal die zugehörigen Energiewerte aus (Ergebnis siehe Übungen, Aufgabe 6.2).

Wenn unser Halbleiter auch Störstellen, also Donatoren und Akzeptoren, enthält, dann können auf ihnen auch Elektronen beziehungsweise Löcher sitzen. Das ist allerdings nur bei tiefen Temperaturen der Fall. Du erinnerst dich, bei höheren Temperaturen geben die Störstellen ihre Ladungsträger an das jeweilige Band ab. Kühlen wir jedoch den Halbleiter erheblich ab – erheblich heißt, mindestens bis zur Temperatur des flüssigen Heliums bei 4,2 K, das bedeutet, wir müssen ihn in diese sehr kalte Flüssigkeit hineintauchen –, so frieren die Ladungsträger an ihren jeweiligen Störstellen fest. Damit ist man in der Lage, spektral in den Halbleiter hineinzuschauen, weil man dann genau die Emission beobachten kann, die von diesen Störstellen ausgeht.

Gelingt es, zwei solcher Störstellen nahe genug beieinander anzuordnen, so kann sich ein molekülähnlicher Zustand bilden – alles natürlich im Bereich der Halbleiterdimensionen. Du erinnerst dich, dass sich ein Elektron, welches am Donator eines Halbleiters gebunden ist, über viel größere Raumbereiche erstreckt als zum Beispiel das Elektron eines einzelnen Wasserstoffatoms. Zwei Donatoren in nicht zu großem Abstand voneinander können innerhalb des Halbleiters ein Molekül analog zum H_2-Molekül in der „äußeren" Welt bilden. Im Unterschied zum echten Wasserstoffatom kann man solche Donatorpaare im Halbleiter aber mit beliebigem Abstand finden und auch studieren – sie sind ja im Kristall fest gebunden und können nicht zusammenrutschen wie echte Wasserstoffatome im Vakuum. Es geht sogar noch verrückter: Ein Donator kann sich auch mit einem Akzeptor zu einem molekülähnlichen Gebilde zusammentun, quasi wie ein Wasserstoffatom mit einem Antiwasserstoffatom. Solche Donator-Akzeptor-Paare sind schon lange bekannt und ausgiebig untersucht worden, allerdings braucht man dazu eben die *sehr* tiefen Temperaturen (möglichst weniger als 4 K). An einem solchen System kann man eine Menge lernen. Wenn du zum Beispiel im ersten Moment denkst, die bei einem Donator-Akzeptor-Paar als Licht abgestrahlte Energie sei genau $E_D - E_A$, dann wird dich das Ergebnis eines Besseren belehren. Donator und Akzeptor einschließlich des gebundenen Elektrons und Loches üben ja eine Coulomb-Wechselwirkung aufeinander aus, und diese Energie macht sich im optischen Spektrum bemerkbar. Darüber hinaus sind beide noch durch sogenannte Austauschkräfte aneinandergebunden, ähnlich wie die beiden Atome im Wasserstoffmolekül. Auch diese Energie geht in die Bilanz beim optischen Spektrum ein. Das alles wird in Abb. 6.5 durch den Zusatzbeitrag ΔE gekennzeichnet. Hier hast du ein hervorragendes Modellsystem vor dir, um auf handliche Art und Weise „atomare" Systeme zu simulieren und zu studieren. Ein Spektrum eines solchen Donator-Akzeptor-Systems siehst du in Abb. 6.6.

Ein weiteres Beispiel für optische Spektren findest du in Abb. 6.7. Bei sehr hoher Laseranregung bilden die Elektronen und Löcher im Halbleiter sogar so etwas wie eine dichte Flüssigkeit, deren Spektrum durch ein breites Emissionsband gekennzeichnet ist. Im Prinzip kann man sogar Tropfen aus Elektronen und Lö-

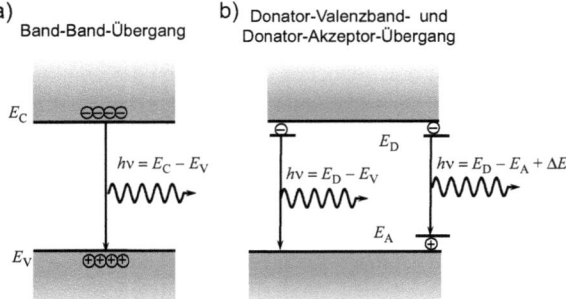

Abb. 6.5 Energiezustände mit zugehörigen Übergängen. **a** Band-Band-Übergang, **b** Übergang zwischen Donatorniveau und Valenzband sowie Donator-Akzeptor-Übergang. Donator-Valenzband-Übergänge und Donator-Akzeptor-Übergänge sind nur bei tiefen Temperaturen beobachtbar

6.2 Optische Emission: Der Halbleiter offenbart sein Innenleben

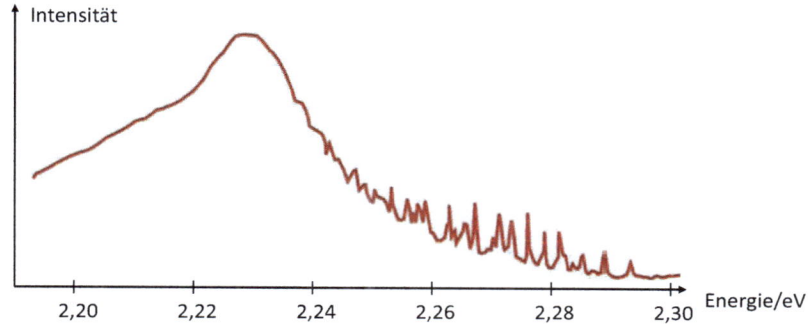

Abb. 6.6 Photolumineszenzspektrum von Donator-Akzeptor-Paaren im Galliumphosphid (GaP) bei tiefen Temperaturen von 1,6 K. Es handelt sich um die Paare von Silizium (Akzeptor) mit benachbarten Tellurstörstellen (Donator). Je weiter beide Störstellen voneinander entfernt liegen, desto enger liegen die Peaks. (Nach Yu und Cardona 1996, Abb. 7.6)

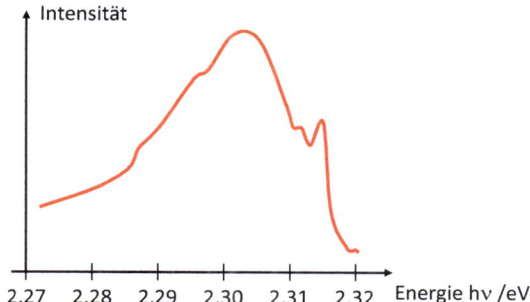

Abb. 6.7 Elektron-Loch-Flüssigkeit im Galliumphosphid (hier mit Stickstoff dotiert, um optische Übergänge ohne Beteiligung von Phononen beobachten zu können) bei sehr hoher optischer Anregung und einer Temperatur von 2 K. Die Vielzahl der dadurch erzeugten Elektronen und Löcher bildet eine Elektron-Loch-Flüssigkeit, die allerdings nach kurzer Zeit auch wieder zerfällt. (Schwabe et al. 1972)

chern wie bei „echten" Flüssigkeiten beobachten, allerdings nur bei extrem tiefen Temperaturen. Ohne optischen Nachweis hätten solche Erscheinungen nur schwer gefunden werden können.

Diese wenigen Beispiele sollen dir zeigen, welch nützliches Hilfsmittel die optische Spektroskopie zur Erforschung der Halbleitereigenschaften sein kann. In den folgenden Abschnitten wollen wir uns aber wieder der Frage zuwenden, welche Ausbeute an Licht mit verschiedenen Bauelementen erzielt werden kann.

6.3 Lumineszenzdioden: Aus Strom mach Licht

Stell dir vor, du sollst eine LED entwickeln, die Licht einer gewünschten Farbe emittiert. Damit die Wellenlänge der emittierten Strahlung im geforderten Wellenlängenbereich liegt – sichtbares Licht zwischen etwa 390 und 770 nm, Infrarotlicht darüber –, muss der Halbleiter die erforderliche Energie

$$E = \frac{hc}{\lambda} = \frac{1240\,\mathrm{eV\,nm}}{\lambda} \qquad (6.1)$$

zur Verfügung stellen (Gl. (1.4)). Sie geht bei der Rekombination auf das Photon über. Du bist ja jetzt bereits ein echter Halbleiterexperte und weißt schon, dass die für ein Photon erforderliche Energie mindestens so groß sein muss wie der Bandabstand E_g des infrage kommenden Halbleiters. Bei kleineren Energien gibt es der Regel keine passenden Zustände, auf denen Elektronen oder Löcher sitzen. Um sichtbares Licht zu erzeugen, muss dieser also zum Beispiel einen Bandabstand E_g zwischen 1,61 und 3,18 eV aufweisen. Du brauchst, um das zu prüfen, lediglich die oben genannten Wellenlängen 390 und 770 nm in Gl. 6.1 einzusetzen. Stimmt's?

Für die wissenschaftlichen Fragestellungen, die wir im vorigen Abschnitt erwähnt haben, genügte ein kompaktes Stück eines Halbleitermaterials, in dem wir mittels intensiver Bestrahlung kurzzeitig mit Laserlicht eine entsprechend hohe Zahl von Elektronen und Löchern erzeugt haben. In einem Bauelement wie einer LED, das ständig emittieren soll, muss die hohe Ladungsträgerdichte anders erzeugt werden. Hierzu eignet sich der pn-Übergang einer Halbleiterdiode. In Abb. 6.8 ist das schematisch dargestellt. Durch von rechts nachgelieferte Elektronen und von links nachgelieferte Löcher wird am pn-Übergang ein Ungleichgewicht aufrechterhalten, sodass ständig Elektron-Loch-Paare rekombinieren können.

Schaust du unter diesen Überlegungen auf die Eigenschaften der infrage kommenden Materialien, so siehst du, dass Silizium für die Emission von sichtbarem

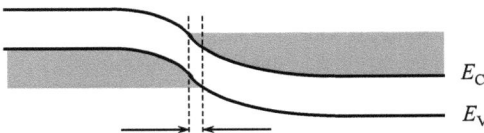

Abb. 6.8 Möglichkeit strahlender Rekombination am pn-Übergang

6.3 Lumineszenzdioden: Aus Strom mach Licht

Licht nicht geeignet wäre. Seine Emissionsgrenze liegt wegen $E_g = 1{,}12$ eV bei $\lambda = 1{,}107$ μm, also im Infraroten. Nun, das berührt uns wenig, denn es kommt ja als indirekte Substanz sowieso nicht infrage. Viel besser für unseren Zweck eignen sich stattdessen die Verbindungshalbleiter aus der III. und V. Hauptgruppe des Periodensystems, eben die III-V-Halbleiter. Typische Materialien sind, zur Erinnerung, Galliumphosphid (GaP, grün bei 565 nm), der Mischkristall Gallium-Arsenid-Phosphid (GaAsP, rot bei 635 nm), und Galliumnitrid (GaN, blau bei 430 nm). Für den infraroten Spektralbereich eignet sich auch Galliumarsenid (GaAs).

Für hell strahlende LEDs werden überwiegend Bauelemente auf der Basis von Galliumnitrid eingesetzt. Es emittiert eigentlich blaues Licht. Wenn auf eine solche LED jedoch eine Kappe aus einem organischen oder anorganischen Material aufgesetzt wird, können darin auch andere Spektralfarben erzeugt werden. Solch eine Schicht, sie heißt Konversionsschicht, absorbiert einen Teil des blauen Lichts und wandelt es in Licht um, welches den Spektralbereich von Grün über Gelb zu Rot hin abdecken kann.

Weißes Licht wird aus der Mischung dreier geeigneter Spektralfarben zusammengesetzt. Dies kann entweder über die genannten Konversionsschichten geschehen, oder es werden drei einfarbige LEDs, die als Mischfarbe Weiß ergeben, in einem Gehäuse untergebracht.

In einer Lumineszenzdiode soll durch geeignete Wahl der Materialien eine möglichst große Lichtausbeute garantiert und die geeignete Lichtwellenlänge eingestellt werden. Die richtige Geometrie der Anordnung sorgt dafür, dass die Lichtstrahlung möglichst vollständig nach außen gelangt. Den gesamten Mechanismus, der zur Lichtemission in LEDs führt, bezeichnet man auch als *Injektions-Elektrolumineszenz*.

Damit die entstehenden Photonen aber nicht an anderer Stelle im Material erneut absorbiert werden, muss das Bauelement so aufgebaut werden, dass der emittierende Bereich möglichst nahe an der Oberfläche liegt. Aber selbst wenn das Licht endlich aus dem Halbleiter gelangt ist, haben wir es noch lange nicht in der Richtung, die wir benötigen. Es strahlt ja nach allen Seiten. Von Bedeutung für die Ausbeute einer LED ist deshalb neben ihren inneren Eigenschaften auch die *Austrittseffizienz*. Damit deren Wert möglichst groß wird, packt man den Halbleiter zum Beispiel in eine reflektierende Wanne und versieht die Anordnung außerdem mit einer Linse aus Epoxidharz, um möglichst die gesamte Strahlung in die gewünschte Richtung zu lenken (Abb. 6.9).

Abb. 6.9 Typischer Aufbau einer LED

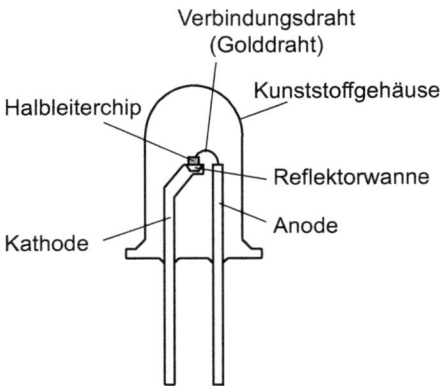

6.4 Kohärentes Licht durch Halbleiterlaser

Das Wort *Laser* ist die Abkürzung von „Light Amplification by Stimulated Emission of Radiation". Laser sind leistungsfähige optoelektronische Lichtquellen zur Erzeugung von monochromatischem und extrem kohärentem Licht. Laserlicht kann kontinuierlich oder aber in Form von kurzen, energiereichen Impulsen ausgesandt werden. Ein besonderer Vorteil des Lasers besteht darin, dass die emittierten Photonen in Form eines einzigen Wellenzugs in Phase schwingen. Durch viele aufeinanderfolgende induzierte Emissionsprozesse lässt sich kohärentes Licht sehr hoher Intensität erzeugen. Halbleiterlaser sind noch dazu sehr klein und stellen zum Beispiel eine ideale Lichtquelle zum unmittelbaren Ankoppeln an Lichtwellenleiter dar. Sie müssen, wie auch Lumineszenzdioden, aus direkten Halbleitermaterialien hergestellt werden. Du erinnerst dich doch: Das sind solche Materialien, deren Leitungsband sich im Impulsraum unmittelbar über dem Valenzband befindet.

Der Wirkungsweise des Halbleiterlasers liegt wie bei der Lumineszenzdiode ein pn-Übergang zugrunde (Abb. 6.10). Während dort jedoch Photonen allein durch spontane Emission erzeugt werden, ist für die Arbeitsweise eines Lasers stimulierte Emission die Voraussetzung. Nur durch stimulierte Emission kann kohärente Strahlung erzeugt werden.

Wie schafft man es in einem Halbleiter, wie bei der LED, spontane, im anderen aber, wie beim Laser, stimulierte Emission anzuregen? Um Licht überhaupt erst einmal zu erzeugen, muss zunächst mindestens ein Photon durch Rekombination eines Elektrons mit einem Loch „geboren" werden. Das geschieht selbstverständ-

6.4 Kohärentes Licht durch Halbleiterlaser

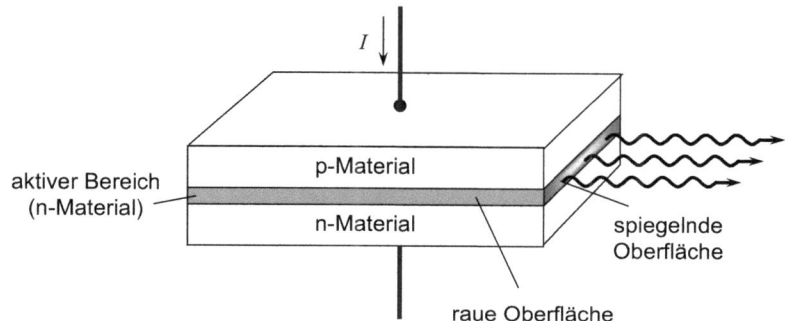

Abb. 6.10 Prinzipieller Aufbau einer Laserdiode. Laserdioden sind Kantenemitter

lich über spontane Emission. Wenn dieses Photon den Halbleiter verlässt, ist es für den Laser verloren, das Bauelement wäre bestenfalls noch als LED benutzbar. Wenn das Photon dagegen im Bereich des pn-Übergangs bleibt, kann es weitere Wechselwirkungen eingehen: Zum einen besteht (leider) die Möglichkeit, dass es absorbiert wird, dann ist lediglich der gleiche Zustand wie vorher wiederhergestellt – nützt uns nichts. Das Photon kann aber auch stimulierte Emission bewirken. Hierzu muss es auf ein weiteres, rekombinationsfähiges Elektron-Loch-Paar treffen. Dazu sollten hinreichend viele Elektronen im Leitungsband und Löcher im Valenzband sitzen, wie es am pn-Übergang bei hohen Trägerdichten der Fall ist. Man spricht in diesem Fall wie bei einer LED von *Besetzungsinversion*. Die Besetzungsinversion ist eine notwendige Laserbedingung.

Noch eine weitere Forderung muss erfüllt sein, damit der Laserbetrieb aufrechterhalten werden kann: Die Photonen dürfen sich nicht zu schnell aus dem Staub machen, bevor sie hinreichend viele stimulierte Emissionsprozesse ausgelöst haben. So kurios das klingt, aber die überwiegende Zahl der Photonen muss im Laser bleiben und nur ein vergleichsweise geringer Teil verlässt ihn als Laserlicht. Von außen betrachtet, sind das allerdings immer noch viele!

Damit das ermöglicht wird, begrenzt man das aktive Gebiet durch zwei parallele Spiegelflächen. Zwischen ihnen bilden sich *stehende Wellen* aus (Abb. 6.11). Deshalb bezeichnet man diese Anordnung als Resonator. Zusätzlich sorgt man dafür, dass weder Elektronen noch Photonen in größerer Zahl aus der Seite austreten. Bezüglich der Photonen kann man das dadurch erreichen, dass diese „spiegelnden" Seitenflächen durch ein Material mit größerer Brechzahl gebildet werden. Dann liegt eine ähnliche Situation wie bei einem Lichtwellenleiter vor, in dessen Innerem das Licht geführt wird. Für die Elektronen muss man spezielle

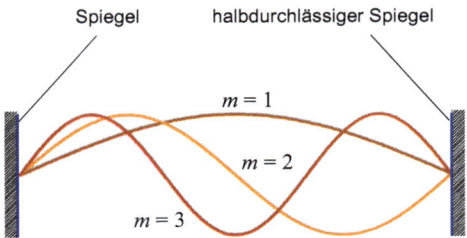

Abb. 6.11 Herausbildung von stehenden Wellen in einem Laser. In Wirklichkeit passen nicht nur zwei oder drei, sondern eine Vielzahl solcher „Moden" in die geometrisch vorgegebene Länge der aktiven Halbleiterschicht, und man muss die geeignete herausfiltern

„Gräben" konstruieren, aus denen sie ohne Energiezufuhr nicht herausgelangen können. Einen kleinen Beitrag leistet schon der pn-Übergang selbst, in den ja die Elektronen und Löcher nur allzu gern hineinrutschen. Noch besser ist es aber, im Laserbereich gleich eine ganz andere Halbleitersubstanz mit tiefer liegender Bandkante zu verwenden, in welcher die Ladungsträger noch besser gefangen werden. Dies bezeichnet man als *Heteroübergang*, genauer als eine Typ-2-Heterostruktur. Darauf kommen wir in Abschn. 7.2 zurück.

Damit hast du bereits die induzierte Emission als Möglichkeit für eine „Kettenreaktion" der Lichterzeugung erkannt.

Weil das so grundlegend ist, solltest du dir die grundlegenden Prinzipien eines Lasers unbedingt einprägen. Ich fasse sie für dich noch einmal zusammen:

1. *Laserbedingung Resonator:* Ist notwendig zur Herausbildung stehender Wellen, damit sich das Licht im Laservolumen nicht durch Interferenz teilweise auslöscht. Die Resonanzbedingung für die Länge des aktiven Gebiets kennst du sicher aus dem Verhalten von stehenden Wellen:

$$L = \frac{n\lambda}{2} \tag{6.2}$$

2. *Laserbedingung Besetzungsinversion:* Sie garantiert, dass eine ausreichende Zahl von Elektron-Loch-Paaren im aktiven Bereich ist.

Auch wenn diese beiden Bedingungen prinzipiell einen Laserbetrieb am pn-Übergang vorstellbar machen, werden doch reale Laser vorwiegend durch die bereits erwähnten Heterostrukturen gebildet, worüber wir in Kap. 7 sprechen wollen.

6.5 Nachweis von Licht: Absorptionsbauelemente

Halbleiter eignen sich nicht nur zur Erzeugung, sondern auch zum Nachweis von Licht. Bei der Absorption handelt es sich um den zur Lumineszenz entgegengesetzten Prozess; es werden also durch Licht Elektron-Loch-Paare erzeugt. Während jedoch zur Erzeugung einer effizienten Lumineszenzstrahlung pn-Strukturen notwendig sind, ist die Absorption an solche Strukturen nicht gebunden. Hierfür reicht nämlich im Prinzip schon ein Stück homogenes Halbleitermaterial, denn Elektronen und Löcher zugleich lassen sich überall erzeugen. Wenn wir jedoch genauer hinschauen, erweisen sich einige Modifikationen doch als vorteilhaft. Ein Absorptionsbauelement ist ein Photodetektor; er muss drei Bedingungen erfüllen:

1. Er soll Ladungsträger (Elektron-Loch-Paare) mit hoher Ausbeute erzeugen, damit ein deutlich messbarer Strom entsteht.
2. Die erzeugten Ladungsträger müssen schnell voneinander getrennt und wegtransportiert werden, damit sie nicht sofort wieder rekombinieren. Günstig wäre es auch, wenn sich durch Multiplikationseffekte sogar noch weitere Ladungsträger bilden.
3. Der erzeugte Strom muss sich schließlich hinreichend gut nachweisen lassen.

Sucht man nach möglichst gut absorbierenden Materialien, kann man sich zunächst an den Lumineszenzeigenschaften orientieren. So sind Halbleiter besonders empfindlich gegenüber Photonen, deren Energie geringfügig oberhalb der Energie des Halbleiterbandabstands E_g liegt. Unterhalb dieser Energie fehlen passende Zustände im Leitungs- und Valenzband, die die Bildung von Elektron-Loch-Paaren ermöglichen würden. In diesem Bereich kann deshalb Licht nicht absorbiert werden. Beispielsweise sehen Galliumphosphidkristalle im durchscheinenden Tageslicht rötlich aus. Zur Erinnerung: Der Bandabstand von GaP liegt bei E_g = 2,26 eV, das entspricht umgerechnet einer Wellenlänge von λ = 1240 nm/2,26 = 549 nm. Der Rotanteil bei größeren Wellenlängen, also kleineren Photonenergien $h\upsilon < E_g$, wird durchgelassen, während der Grünanteil, entsprechend kleineren Wellenlängen und demzufolge größeren Photonenenergien $h\upsilon > E_g$, absorbiert wird.

Galliumnitrid ist vollkommen durchsichtig, es absorbiert fast kein sichtbares Licht. Silizium hingegen lässt nur infrarotes Licht durch, es absorbiert das gesamte sichtbare Licht und ist infolgedessen für unser Auge undurchsichtig. Seine Oberfläche erinnert an Metallglanz.

Wie bei der Lumineszenz gilt auch bei der Absorption, dass direkte Halbleiter empfindlicher als indirekte sind.

Die wichtigsten Ausführungsformen von Absorptionsbauelementen sind:

(a) *Photowiderstände:* Die Beeinflussung der elektrischen Leitfähigkeit in einem Halbleiterstück durch Licht wird als *Photoleitung* bezeichnet; dabei entsteht pro absorbiertem Photon ein Elektron-Loch-Paar. Die Photoleitfähigkeit liefert deshalb infolge der dadurch erzeugten stationären Erhöhung der Trägerkonzentrationen $\Delta n = \Delta p$ einen Zusatzbeitrag zur Leitfähigkeit des Halbleiters. Die durch Licht erzeugten Ladungsträger müssen mithilfe eines elektrischen Feldes eingesammelt werden, bevor sie als Strom nachgewiesen werden können. In einem Photowiderstand ist dieses Feld einfach das Feld der angelegten äußeren Spannung.

(b) *Photodioden:* Während Photowiderstände aus homogenem, unstrukturiertem Material bestehen, kann man auch das in einem pn-Übergang durch dessen Raumladung erzeugte Feld nutzen, um die erzeugten Ladungsträger schnell zu trennen. Wie du bereits weißt, ist dieses Feld bei Sperrpolung besonders hoch.

Deshalb werden neben Photowiderständen auch Photodioden auf der Basis eines pn-Übergangs zum Nachweis von Licht verwendet. Photodioden reagieren auf die einfallende Strahlung deutlich empfindlicher als Photowiderstände.

Eine Photodiode funktioniert ganz ähnlich wie eine normale pn-Diode, sie ist allerdings so aufgebaut, dass das Licht gut in den Bereich des pn-Übergangs eindringen kann. Bei Bestrahlung werden sowohl in der Raumladungszone als auch in den angrenzenden Diffusionsgebieten Elektron-Loch-Paare erzeugt. In der Kennlinie drückt sich das so aus, dass sie durch den Photostrom nach unten gezogen wird (Aufgabe 6.6).

Du erinnerst dich, dass sich im Durchlassbereich eines pn-Übergangs die Minoritätsladungsträger vom pn-Übergang wegbewegen. Bei einer Photodiode wird der Übergang dagegen in Sperrrichtung vorgespannt. Dann bewegen sich die in den Diffusionsgebieten erzeugten Ladungsträger in Richtung pn-Übergang. Dort werden sie durch das starke elektrische Feld sofort zur Gegenseite abgesaugt und erhöhen so den Sperrstrom der Diode.

Bei der *Lawinen- oder Avalanche-Photodiode* wird durch eine lawinenartige Vervielfachung der optisch erzeugten Elektron-Loch-Paare eine sehr hohe Empfindlichkeit erreicht, die allerdings mit einem deutlichen Rauschen erkauft werden muss.

(c) *Photoelemente:* Photoelemente sind prinzipiell wie Photodioden aufgebaut, sie arbeiten jedoch ohne äußere Vorspannung. Der pn-Übergang selbst dient hier als Spannungsquelle, er ist also aktiv. Im Gegensatz hierzu ist die Photodiode ein passiver Detektor. Die Spannungserzeugung in einem Photoelement wird als *photovoltaischer Effekt* bezeichnet.

(d) *Phototransistoren:* Bei einem Phototransistor wird durch Licht ein Basisstrom erzeugt, wie er sonst durch einen elektrischen Kontakt an der Basis injiziert wird. Wie bei einem normalen Bipolartransistor wird dieser Basisstrom verstärkt und kann dadurch gut nachgewiesen werden.

6.6 Solarzellen: Aus Licht werde Strom

Vielerorts auf unseren Dächern findest du inzwischen Photovoltaikanlagen, und es werden (hoffentlich schnell) immer mehr …

Solarzellen sind eigentlich nichts anderes als Photoelemente. Ein einzelnes Element liefert eine Spannung von weniger als 1 V, in einer Solarzelle sind sie jedoch hinsichtlich ihrer Leistungsabgabe optimiert. Das bedeutet: Das Produkt aus Strom und Spannung soll bei gegebener Erzeugungsrate von Elektron-Loch-Paaren maximal sein. Um brauchbare Spannungen (zum Beispiel 230 V) zu erzielen, muss man also ziemlich viele Zellen in Reihe schalten, und um vernünftige Leistungen zu erreichen, sind zusätzlich zahlreiche Zellen parallel zu betreiben. Praktisch werden die Zellen bereits auf einem größerem Bauelement gemeinsam gefertigt.

Solarzellen sollen Sonnenlicht möglichst gut ausnutzen. Aus Abb. 6.12 erkennst du, dass Silizium eigentlich nicht das günstigste Material für Solarzellen ist. Die Gap-Energie (Energielücke) von Galliumarsenid (GaAs) wäre dem Spektrum des auf der Erdoberfläche einfallenden Lichts viel besser angepasst. Die GaAs-Technologie ist jedoch wesentlich teurer und bleibt deshalb speziellen Anwendungen zum Beispiel in der Raumfahrt vorbehalten.

Für Standardanwendungen wird stattdessen das kostengünstigere Silizium, insbesondere polykristallines oder zuweilen auch amorphes Silizium benutzt. Amorphes Silizium (Bezeichnung a-Si) bildet kein Kristallgitter aus und besitzt eine glasartige Struktur. Manche Siliziumbindungen bleiben deshalb frei, an ihnen können sich Wasserstoffatome festsetzen. Beim amorphen Silizium haben – anders als im kristallinen Material – die Energiebänder keine scharfen Bandkanten. Es gibt selbst innerhalb des Gap noch erlaubte Zustände. Dadurch wird optische Absorption auch bei kleineren Energien möglich. Außerdem weist amorphes Material nicht mehr die typischen Eigenschaften der ungünstigen „indirekten" Bandstruktur auf. Die Wahrscheinlichkeit für optische Übergänge ist dadurch viel größer als in kristallinen Substanzen, der Absorptionskoeffizient wird sehr hoch (ca. 100-fach höher als bei kristallinem Silizium).

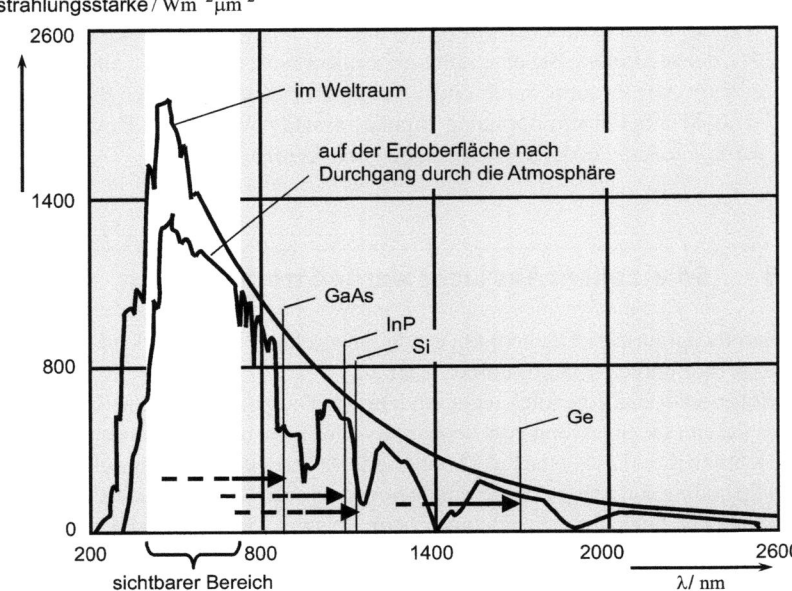

Abb. 6.12 Spektralverteilung der Intensität des Sonnenlichts im Weltraum und auf der Erdoberfläche. Die den Bandkanten entsprechenden Wellenlängen verschiedener Halbleiter sind gekennzeichnet; die Pfeile daran geben die Wellenlängenbereiche an, die jeweils für Absorption infrage kommen. (Nach Shur 1990)

6.7 Zusammenfassung zu Kapitel 6

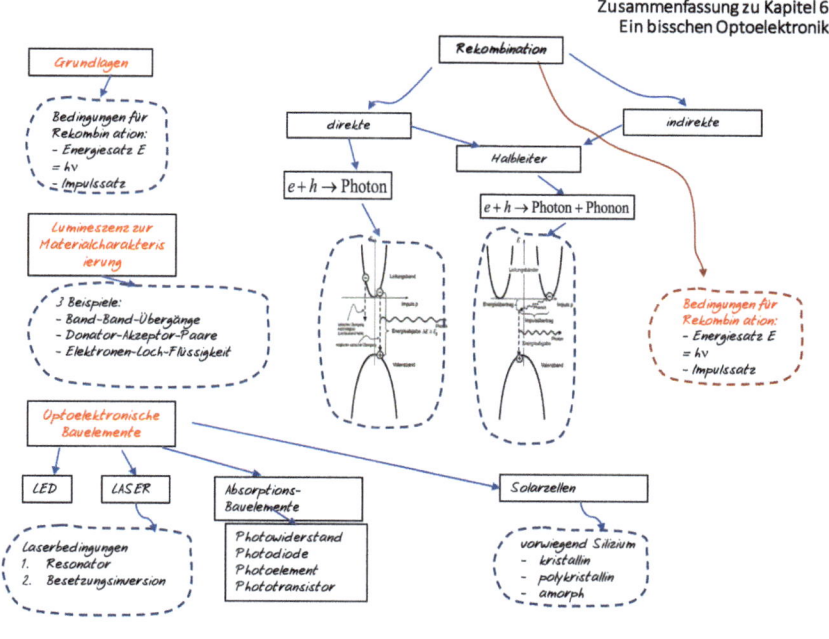

Literatur

Schwabe et al (1972) Phys. Letters 64A:226
Shur M (1990) Physics of semiconductor devices. Prentice Hall, Englewood Cliffs
Yu PY, Cardona M (1996) Fundamentals of semiconductors. Springer, Heidelberg

Zwei-, ein- und nulldimensionale Halbleiter 7

Bisher haben wir uns mit dem Halbleiter „am Stück" beschäftigt; wir stellen ihn uns dabei unendlich ausgedehnt vor. Schon eine Halbleiterdiode jedoch zeigt zwar eine gewisse räumliche Struktur, der p-Bereich ist anders aufgebaut als der n-Bereich, trotzdem sind diese beiden Teilstücke für sich immer noch so weit ausgedehnt, dass für jede Seite annähernd die Gesetze des unendlich weiten Halbleitermaterials gelten. Das Gleiche gilt für den Bipolartransistor oder MOSFET und weitere Bauelemente.

Allerdings, du hast es ja schon kennengelernt, ist in einem MOSFET die Grenzschicht zwischen dem Gate-Oxid und dem eigentlichen Halbleitermaterial („Bulk") sehr schmal. Du erinnerst dich, diese Trennschicht ist es, die den leitenden Kanal von der Source zum Drain bildet. Was wäre jetzt, wenn man sie sogar extrem klein machen würde? In diesem Fall gelten die üblichen Gesetze der dreidimensionalen Halbleiter nicht mehr. Wir haben es dann mit einer nur noch flächigen, also zweidimensionalen Elektronenschicht zu tun, die beidseitig in Bulk-Material eingebettet ist. Für die dritte Dimension gelten dann bereits die Gesetze der Quantenmechanik.

Neben dreidimensionalen Halbleitern werden sehr häufig auch andere Strukturen untersucht. Diese können wie im eben erwähnten Beispiel zweidimensional sein (Schichten), eindimensional (Streifen beziehungsweise Linien) und sogar „nulldimensional" (dann sind es Punkte) (Abb. 7.1).

Halt: nulldimensional? Das gibt es doch nicht wirklich? Nein, das ist natürlich eine Abstraktion – es handelt sich vielmehr um kleine, fast punktförmige, jedoch immer noch endliche Bereiche, deren Eigenschaften nun schon ähnlich denen

---

Ergänzende Information Die elektronische Version dieses Kapitels enthält Zusatzmaterial, auf das über folgenden Link zugegriffen werden kann [https://doi.org/10.1007/978-3-662-70541-4_7].

© Der/die Autor(en), exklusiv lizenziert an Springer-Verlag GmbH, DE, ein Teil von Springer Nature 2025
F. Thuselt, *Halbleiterphysik leicht verständlich*,
https://doi.org/10.1007/978-3-662-70541-4_7

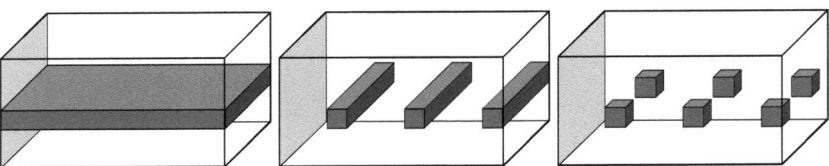

Abb. 7.1 Schicht-, linien- und punktförmige Halbleiterstrukturen

einzelner Atome oder Moleküle sind. Die Herstellung solcher winzigen Strukturen stellt höchste Anforderungen an die Kristallzüchtung. In den letzten Jahrzehnten sind derartige Gebilde ausgiebig untersucht worden, weil sie vielversprechende Anwendungen erlauben, so im Bereich der Energieeffizienz. Und allein das wäre doch wohl Grund genug, dass wir uns hier ebenfalls damit befassen.

Eine Anwendung möchte ich in diesem Kapitel am Schluss noch unterbringen. Es geht um die Möglichkeit, mittels Halbleitern Bausteine zum Quantencomputing zu liefern. Dazu hat es in den letzten Jahren Forschungen an Silizium und an sogenannten NV-Zentren im Diamant gegeben. (Zur Erinnerung: Diamant ist auch ein Halbleiter!) Du willst ja ausgerüstet sein, wenigstens die zukünftigen Entwicklungen hierzu einschätzen zu können – also bin ich es dir schuldig, die Grundlagen kurz zu streifen.

Ehrlich gesagt, habe ich mich schwergetan, für dieses Thema eine geeignete Stelle in diesem Buch zu finden. Vielleicht gehörte es zum Abschnitt über Störstellen im Kap. 2. Auf der anderen Seite kann man diese NV-Zentren durchaus auch unter dem Gesichtspunkt betrachten, dass es sich um nulldimensionale Strukturen handelt. Daher meine Entscheidung, NV-Zentren mit einer klitzekleinen Einführung in Quantencomputer am Schluss dieses Kapitels zu streifen.

7.1 Nano- oder Quantenstrukturen

Jedes Gebilde, ob Schicht, Streifen oder Punkt in einem Halbleiter, kann sehr klein sein, unter Umständen nur wenige Atomlagen, also einige Nanometer, klein. Man spricht deshalb von *Nanostrukturen* oder, falls dort die quantenmechanischen Gesetze gelten, von *Quantenstrukturen*.

Der Begriff „Quantenstrukturen" bringt es schon auf den Punkt: Zu ihrem Verständnis benötigst du eigentlich Kenntnisse der Quantenmechanik. Wir wagen es trotzdem, ohne tiefergehendes Eindringen in diese physikalische Theorie die wichtigsten Eigenschaften zu verstehen.

7.2 Flächenhaft: Zweidimensionale Halbleiter

Die Physik der zwei-, ein- und nulldimensionalen Halbleiterstrukturen ist sehr komplex und entwickelt sich rasant. Ich möchte deshalb nur einige Beispiele möglicher wichtiger Anwendungen herausgreifen, um ein paar Schlaglichter auf sie zu werfen.

Dabei müssen wir uns immer fragen: Was befindet sich denn um die Strukturen herum, präziser ausgedrückt: Worin sind sie eingebettet? Das kann ein und dasselbe Grundmaterial sein, also zum Beispiel auch wieder Silizium, nur mit einer anderen Dotierung. Es kann sich aber auch um einen ganz anderen Halbleiter handeln, in einigen Fällen kann eine solche Nanostruktur auch in einen Kunststoff eingebettet sein.

7.2 Flächenhaft: Zweidimensionale Halbleiter

Zweidimensionale Halbleiter lassen sich am besten in sogenannten Quantengräben realisieren, nämlich wenn zwei oder drei Halbleiterschichten mit unterschiedlicher Bandstruktur aufeinander aufwachsen. Ein gutes Beispiel sind Schichten aus Gallium-Aluminium-Arsenid und Galliumarsenid in der Reihenfolge GaAlAs–GaAs–GaAlAs. Solch eine Folge bezeichnen wir als *Heterostruktur* oder *Heteroübergang*. Betrachtet man die Energien ihrer Bänder, so werden prinzipiell zwei Typen unterschieden: Typ-I-Heterostrukturen und Typ-II-Heterostrukturen. Den Unterschied erkennst du aus Abb. 7.2. Bei der Typ-I-Heterostruktur versammeln sich sowohl Elektronen als auch Löcher im gleichen Gebiet – sehr vorteilhaft für strahlende Übergänge (Weber 2005).

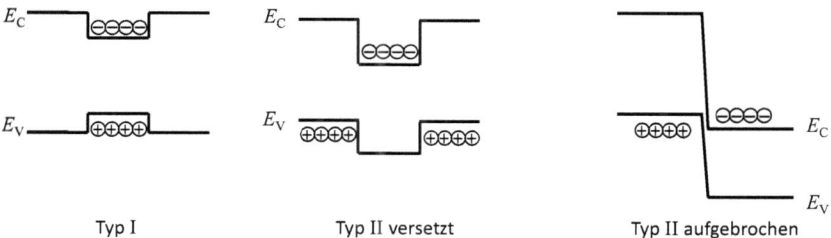

Abb. 7.2 Typ-I-Heterostruktur (links) und Typ-II-Heterostrukturen (Mitte und rechts). Diese Strukturen sind ebenfalls in Quantenpunkten möglich. (Nach Marent et al. 2007)

7.2.1 Feldeffekttransistoren – „reloaded"

Zu Beginne des Kapitels haben wir über den leitfähigen Kanal in einem Feldeffekttransistor, speziell einem MOSFET, gesprochen. Man könnte auf den Gedanken kommen, dass dieser Kanal besonders gut leitfähig wird, wenn weitere Elektronen aus der Umgebung dort hineingelangen können. Das klappt, wenn man dafür ein Material mit kleinerer Bandlücke als jener der Umgebung einbaut. Dann entsteht ein schmaler, aber für die Leitfähigkeit besonders ergiebiger Kanal, wie du es in Abb. 7.3 sehen kannst.

Eine solche Anordnung findest du in einem *High-Electron-Mobility* Transistor (HEMT) (Transistor mit hoher Elektronenbeweglichkeit).

Voraussetzung ist natürlich, dass es möglich ist, einen solchen Materialmix aus der Retorte auch züchten zu können. Die Technologien hierzu existieren weitgehend. Ein so aufgebauter Transistor besteht wie ein normaler MOSFET aus einem gewöhnlichen Halbleiter, zum Beispiel Galliumarsenid, mit einem metallischen Gate, welches durch eine Isolationsschicht, den sogenannten Spacer, vom Halbleiter getrennt ist. Daran schließt sich der leitfähige Kanal an, dessen Bandränder tiefer liegen als die des umgebenden Materials, sodass die Elektronen bevorzugt in ihn hineinrutschen. In einem solchen Kanal ist die Elektronenbeweglichkeit dann sehr hoch – das ist ja bei MOSFETs gerade er-

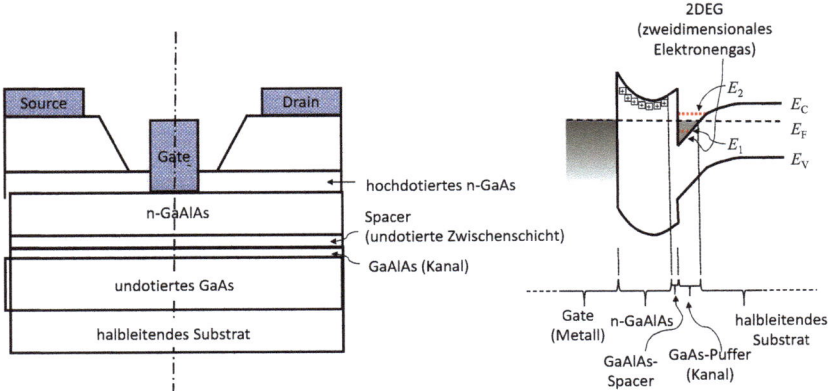

Abb. 7.3 Links: Beispiel für einen möglichen Aufbau eines HEMT im Querschnitt (schematisch), rechts (im Schnitt): der zugehörige Bandverlauf an der Stelle, an der links die Strichpunktlinie zu sehen ist. (Nach Smoliner 2020; Marent 2011)

7.2 Flächenhaft: Zweidimensionale Halbleiter

wünscht. Die Elektronen bilden darin ein zweidimensionales Elektronengas. Ein Beispiel für eine solche Materialkombination ist Indium-Gallium-Arsenid (InGaAs), welches in Galliumarsenid oder Gallium-Aluminium-Arsenid (GaAlAs) eingebettet ist (Abb. 7.3). Es sind aber auch andere Materialkombinationen möglich, sofern sie von der Züchtung her zusammenpassen. Besonders erwünscht als Grundmaterial sind Substanzen mit einer recht großen Bandlücke, weil bei ihnen hohe Betriebsspannungen möglich werden. Infrage kommen zum Beispiel Galliumnitrid (GaN) mit eingebetteten Schichten aus Gallium-Aluminium-Nitrid (GaAlN), aus Indium-Gallium-Nitrid (InGaN) oder aus Aluminium-Indium-Nitrid (AlInN). Wenn du dir solche Kombinationen merkst, kannst du später sicher mit der der Kenntnis komplizierter Materialbegriffe glänzen!

Basierend auf den vorgestellten Materialstrukturen lassen sich Bauelemente für Hochfrequenzanwendungen realisieren. Sie sind die Voraussetzung dafür, dass wir heute Smartphones, Satlitenreceiver und Spannungswandler für hohe Leistungen betreiben können.

Jetzt kannst du dich natürlich fragen, wie du als Züchter solche Materialkombinationen wie die oben erwähnten findest, um, sagen wir mal, eine Typ-I-Heterostruktur zusammenbauen zu können. Dazu musst du natürlich die Absolutlagen von Leitungs- und Valenzbandrand kennen. In Abb. 7.4 erkennst du zum Beispiel, dass Galliumnitrid (GaN), eingebettet in Aluminiumnitrid (AlN), gut zusammenpasst. Ich habe versucht, solche Kombinationen einzukreisen. Passt etwas nicht, dann könntest du vielleicht probieren, Mischkristalle zu verwenden. Deren Bandabstände liegen zwischen denen der „reinen" Komponenten, beim GaAlAs also zwischen jenen von AlAs zu GaAs. In diesem Bereich liegt dann auch der Übergang von einem indirekten zu einem direkten Halbleiter. Die Frage ist natürlich immer, ob solche Substanzen bei der Züchtung gut aufeinander wachsen können.

7.2.2 Halbleiterlaser – ebenfalls „reloaded"

Neben Feldeffekttransistoren stellen Halbleiterlaser und Halbleiterdioden weitere Beispiele dar, bei denen sich zweidimensionale Schichten positiv auf die Ausbeute auswirken. Die prinzipielle Funktion eines Halbleiterlasers hast du bereits in Abschn. 6.3 kennengelernt. Das Prinzip war zwar einleuchtend, doch leider zeigt sich, dass auf dieser Basis praktisch noch nichts Gescheites passiert. Auch hier helfen erst Heterostrukturen zu einer hinreichenden Ausbeute.

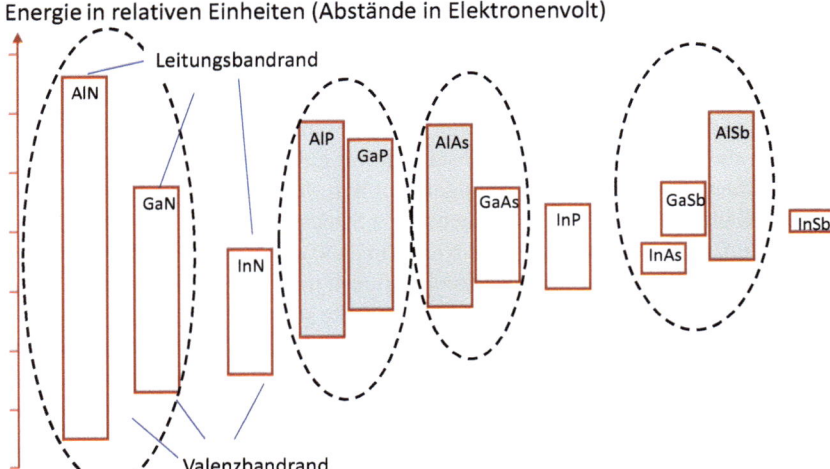

Abb. 7.4 Bandabstände verschiedener Halbleitermaterialien (durch Balken dargestellt). Die oberen und unteren Begrenzungen geben die Absolutlagen der Bänder zueinander an. Eingekreist sind Substanzen, welche infolge ihrer Kristallgitter nahezu problemlos aufeinander wachsen. Grau unterlegt: indirekte Halbleiter, also für die Optik weniger geeignet. Nach (Vurgaftman et al. 2011)

Die Materialkombinationen der häufigsten kommerziellen Halbleiterlaser sind ähnlich wie die für HEMTs. In Abb. 7.5 ist das für den Fall dargestellt, dass p-dotiertes Galliumarsenid (p-GaAs) in einer Umgebung von Gallium-Aluminium-Arsenid (GaAlAs) eingebettet ist. Das hat, wie beim HEMT, auch hier den Vorteil, dass sich die Ladungsträger, und zwar sowohl die Elektronen als auch die Löcher, bevorzugt in dem sehr schmalen Graben zwischen dem n- und p-Bereich ansammeln. Wenn die Schicht nur wenige Nanometer dick ist, werden Quanteneigenschaften wesentlich, sodass man von *Quantenfilmen* spricht. Die aktive Schicht beträgt beispielsweise weniger als 150 nm im Gegensatz zu normalen pn-Übergängen, in denen sie mindestens zehnmal so breit ist. Du erkennst übrigens richtig, dass es sich hier um eine Typ-I-Heterostruktur handelt.

Solche Laser-Heterostrukturen bescheren uns gleich noch einen weiteren Vorteil. Er besteht darin, dass die Materialien der eingebetteten Quantenfilme einen höheren Brechungsindex besitzen als ihre Umgebung. Bereits in Abschnitt 6.4 habe ich das erwähnt: Zwischen den Grenzschichten bleiben die

7.2 Flächenhaft: Zweidimensionale Halbleiter

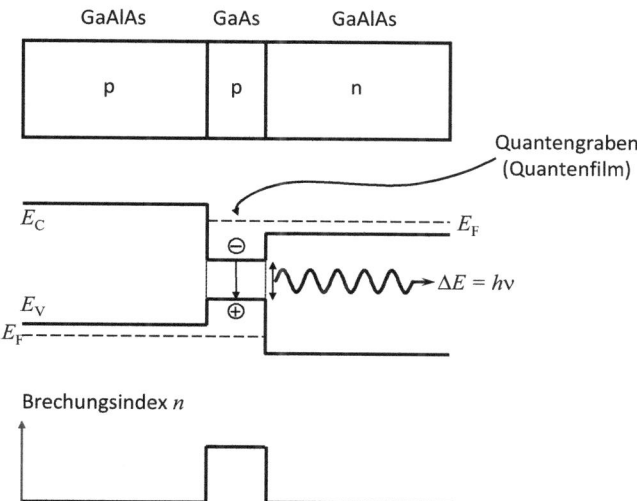

Abb. 7.5 Diodenlaser auf der Basis eines Heteroübergangs. Oben: räumliche Struktur, Mitte: Energiebänder, unten: Brechungsindex, in Abhängigkeit vom Ort. Beachte: Die Energie des aus dem Graben ausgesandten Lichts ist kleiner als die Bandlücke des Grundmaterials GaAlAs. (Nach Bimberg 2012)

Lichtstrahlen wie in einem Lichtwellenleiter eingesperrt. Infolge der Totalreflexion am optisch dünneren Medium streuen sie nur geringfügig nach außen. Bei modernen Diodenlasern lässt man sogar mehrere Schichtstrukturen mit gestuftem Aluminiumgehalt aufeinander wachsen. Die Breite der Quantengräben reicht bis hinunter zu 1 nm. Besonders hohe Lichtausbeuten werden in Mehrfachstrukturen erzielt (Abb. 7.6), wenn periodisch nacheinander wenige Atomlagen unterschiedlicher Substanzen aufeinander abgeschieden werden, beispielsweise immer abwechselnd Indium-Gallium-Nitrid (InGaN) auf Galliumnitrid (GaN) und so weiter.

Ein anderer Vorteil der Quanten-Laserstrukturen besteht in Folgendem: Von Anfang an ist die Höhe des Schwellstroms ein entscheidendes Kriterium für die technische Anwendung von Lasern. Der Schwellstrom ist der Strom, der erforderlich ist, damit der Laser überhaupt mit seiner Arbeit, nämlich der gewünschten stimulierten Emission, beginnt. Feinere Quantenstrukturen erlauben niedrigere Schwellstromdichten. Sie konnten im Verlauf von Jahrzehnten um etliche Größenordnungen gesenkt werden. Das kannst du sehr

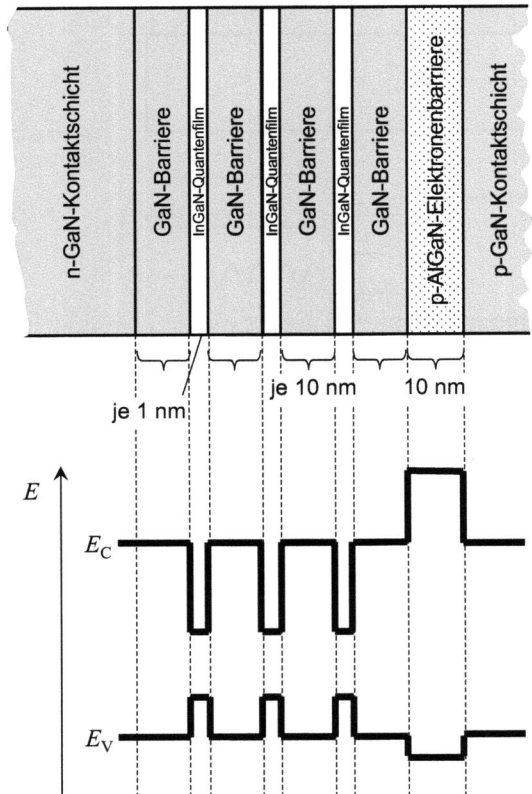

Abb. 7.6 Beispiel für eine Mehrfachstruktur aus InGaN-Quantenfilmen und GaN-Barrieren. Unten ist der Verlauf der Bandränder in Abhängigkeit vom Ort eingezeichnet. (Nach Laubsch et al. 2010)

schön anhand von Abb. 7.7 erkennen. Darüber hinaus sind weitere Entwicklungen dargestellt, über die wir hier noch gar nicht gesprochen haben, nämlich Laser auf der Basis sogenannter (nulldimensionaler) Quantenpunkte. Für Laser auf der Basis von Quantenstrukturen erhielten der russische Physiker Zhores Alferov und der deutsch-amerikanische Physiker Herbert Kroemer im Jahr 2000 den Nobelpreis.

7.2 Flächenhaft: Zweidimensionale Halbleiter

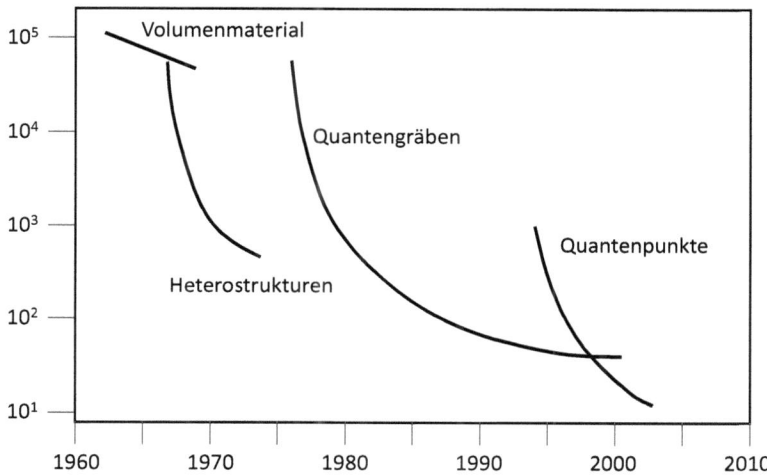

Abb. 7.7 Absenkung der Schwellstromdichte bei Heterostruktur-Halbleiterlasern im Verlauf von mehr als 50 Jahren. Daneben ist die Entwicklung bei ein- und nulldimensionalen Halbleitern dargestellt. (Bimberg 2006)

7.2.3 Kohlenstoff als Röhrchen und Mini-Fußball

Bis jetzt haben wir uns mit zweidimensionalen Strukturen beschäftigt, die in einen „gewöhnlichen" Halbleiter eingebettet sind. Nun gibt es aber auch sehr interessante Substanzen, die als Ganzes im Nanometerbereich zweidimensional sind, ohne irgendwo eingebettet zu sein. Da sind die Kohlenstoffmodifikationen zu nennen, zu denen neben dem bekannten Graphit oder Diamant vor allem *Graphen* gehört. Graphen ist eine einatomige Kohlenstoffschicht. Es ist kaum zu glauben, aber Graphen kann man einfach dadurch erzeugen, dass man mittels Teflonklebeband eine sehr dünne Atomlage von einem Graphitstück herunterzieht. Graphen besteht aus aneinandergeketteten Kohlenstoffringen mit einer für Kohlenstoff typischen Sechseckstruktur, wie sie ähnlich auch beim Benzol besteht (Abb. 7.8).

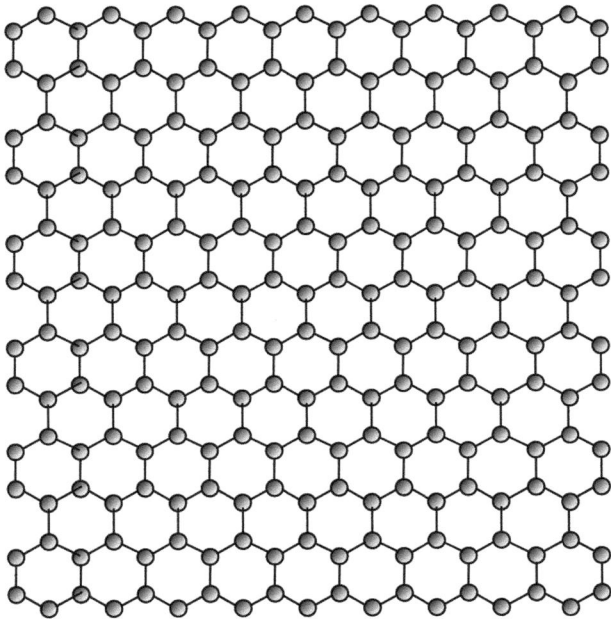

Abb. 7.8 Atomarer Aufbau von Graphen aus Sechseckstrukturen von Kohlenstoffringen

Graphen ist erstaunlicherweise erst zu Beginn dieses Jahrhunderts von den zwei Physikern Andre Geim und Konstantin Novoselov entdeckt worden. Es besitzt eine sehr hohe Leitfähigkeit und wird wegen dieser und anderer interessanter Eigenschaften als zukunftsträchtiges Material für die Mikroelektronik und die Solartechnik angesehen. Infolge seiner Schichtstruktur stellt es einen typischen zweidimensionalen Halbleiter dar.

Neben dem Graphen gibt es noch weitere solcher verrückter Kohlenstoffverbindungen. Die sogenannten *Kohlenstoffnanoröhrchen* (engl. *carbon nanotubes*, CNT) (Abb. 7.9) haben fadenförmige Strukturen, die zum Teil halbleitende Eigenschaften aufweisen. Man kann sie sich als zylinderförmig gerollte Graphenblättchen vorstellen. Die Entdeckung der Kohlenstoff-Nanoröhrchen begann mit der Entdeckung des Fullerens C60. Bis dahin waren schon lange die beiden Kohlenstoffmodifikationen Graphit und Diamant bekannt. Das Fulleren wurde dann 1996 entdeckt, also sogar noch vor dem einfacher aufgebauten, platten Graphen. C60 besteht aus einer „Kugelschale" von 60 verketteten Kohlenstoffatomen und sieht

7.3 Auf Linie: Eindimensionale Halbleiter

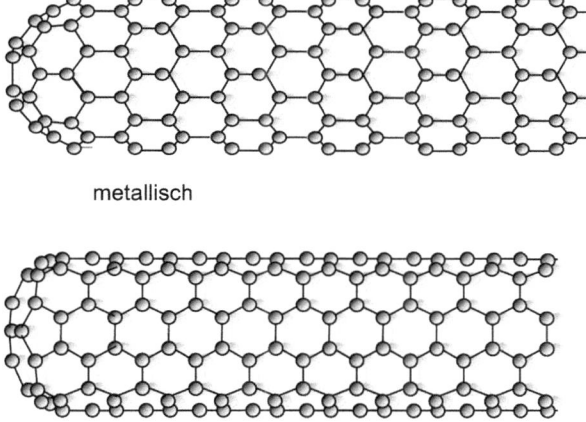

metallisch

halbleitend

Abb. 7.9 Typische Strukturen von Kohlenstoffnanoröhrchen. Einige Modifikationen sind metallisch, andere halbleitend. (Nach Fahrner 2003)

etwa aus wie ein mikroskopischer Fußball. Das Bild eines solchen Fullerenmoleküls spare ich mir hier – es ist viel schöner bei Wikipedia (2023) zu sehen, und dort dreht es sich auch noch.

Der Name „Fulleren" geht auf den amerikanischen Architekten, Ingenieur und Mathematiker Richard Buckminster Fuller zurück, der eine solche Konstruktion als mögliche mathematische Form eines nahezu kugelförmigen Vielflächners beschrieben und in den Kuppeln seiner Bauwerke architektonisch umgesetzt hatte. Ihm zu Ehren wurde der später entdeckte Mini-Fußball dann Fulleren genannt.

7.3 Auf Linie: Eindimensionale Halbleiter

Wir gehen noch eine Stufe tiefer in der Dimension. Eindimensionale Halbleitermaterialien werden auch als *Nanodrähte* bezeichnet. Das können tatsächlich echte Drähte sein, wie sie zum Beispiel in einem Diesel-Kat verwendet werden. Es kann sich aber auch um linienförmige Gebilde handeln, die in ein Halbleitermaterial eingebettet sind.

Sind die Abmessungen so klein, dass Quanteneffekte wichtig werden, so spricht man von *Quantendrähten*. Ihre Herstellung ist in der Regel ziemlich aufwendig. Man kann zum Beispiel eine zweidimensionale Struktur wie in einem HEMT hernehmen und dort Längsgräben hineinätzen, diese sind dann logischerweise nur noch eindimensional. In ihren Anwendungen haben solche eindimensionalen Materialien, außer vielleicht bei Kohlenstoffnanoröhrchen, aber weniger spektakuläre Ergebnisse hervorgebracht als die zwei- oder nulldimensionalen Halbleiter.

7.4 Ein bisschen Theorie zwischendurch: Zustandsdichten

In Analogie zu Abschn. 2.2.1 für die dreidimensionalen Halbleiter kann man auch Zustandsdichten für zwei- und eindimensionale Systeme berechnen. Warum eigentlich brauchen wir Zustandsdichten? Du erinnerst dich noch: Sie zeigen, wie viele Elektronen (oder Löcher) zu gegebenen Energiewerten maximal passen. In *dreidimensionalen Halbleitern*, mit denen wir uns bisher befasst haben, werden umso mehr Zustände bereitgestellt, je höher die Energie über dem Bandrand liegt. Genauer: Die Zustandsdichte wächst mit der Wurzel aus der Energie:

$$g(E)dE \sim (m_e)^{3/2} \sqrt{E}dE \qquad (7.1)$$

Uns reicht die Proportionalität, den genauen Vorfaktor brauchen wir nicht.

Um die Zustandsdichte der beschriebenen dünnen *zweidimensionalen Schichten* wie Graphen, HEMT oder Streifenlaser zu bestimmen, müssten wir eigentlich auch wieder einen Ausflug in die Quantenmechanik unternehmen. In der Fläche, sie ist ja weit ausgedehnt, gelten weiterhin die Gesetze der klassischen Mechanik. Wenigstens in dieser Dimension können sich die Ladungsträger frei bewegen. Senkrecht dazu ist die Bewegung aber gequantelt, entfernt ähnlich der Quantelung beim Wasserstoffatom. Diese Richtung wollen wir als z-Richtung bezeichnen, die Flächenkoordinaten sind dann x und y. Zum Glück braucht man jedoch unter gewöhnlichen Bedingungen die Quantelung nicht explizit; jeder der Ladungsträger befindet sich dann in seinem „z-Grundzustand".

7.4 Ein bisschen Theorie zwischendurch: Zustandsdichten

Die Berechnung der zweidimensionalen Zustandsdichte $g(E)$ überlassen wir am besten Leuten, die sich damit etwas intensiver befasst haben. Sie ergibt einfach einen konstanten Ausdruck

$$g(E)\,dE \sim m_e\,dE \tag{7.2}$$

und hängt überhaupt nicht mehr von der Energie ab, wie es bei einem dreidimensionalen Halbleiter der Fall war. Das heißt, solange sich alle Elektronen im z-Grundzustand befinden, besitzen sie bezüglich der xy-Werte ihrer Energien gleich viele Zustände.

Um es einmal anders auszudrücken: Während in dreidimensionalen Halbleitern alle drei Impulsrichtungen p_x, p_y und p_z kontinuierlich zur Energie der Elektronen beitragen, sind es in zweidimensionalen Halbleitern nur noch die p_x- und p_y-Anteile, während der p_z-Anteil lediglich stufenförmig wächst (weil p_z nur noch diskret ist). Mit jedem neuen p_z-Wert beginnt somit eine höhere Energiestufe.

Schauen wir nun gleich einmal, wie es in *eindimensionalen Halbleitern* aussieht. Bei ihnen steht die Energie im Nenner, und zwar dort unter dem Wurzelzeichen:

$$g(E)\,dE \sim \frac{(m_e)^{1/2}}{\sqrt{E}}\,dE \tag{7.3}$$

Vielleicht geht es dir auch so, dass du mit einer solchen Formel nicht so viel anfangen kannst. Ich habe dir deshalb in Tab. 7.1 in der dritten Spalte die entsprechenden grafischen Darstellungen zu diesen Funktionen zusammengestellt. Du erkennst unschwer: je kleiner die Dimension, desto schärfer die Peaks in der Zustandsdichte. In der vierten Spalte sind die Teilchenkonzentrationen unter Berücksichtigung ihrer thermischen Verteilung visualisiert.

Während also in dreidimensionalen Halbleitern zu höheren Energien hin immer mehr Zustände zur Verfügung stehen, sind es in zweidimensionalen Substanzen unabhängig von der Energie überall gleich viele, und in eindimensionalen Halbleitern werden es nach oben hin sogar weniger!

Die tatsächliche Besetzung der Zustände hängt aber, wie du weißt, nicht nur von der Zustandsdichte, sondern vor allem auch von der Temperaturverteilung ab. Die zugehörigen Abbildungen kannst du in der rechten Spalte der Tabelle sehen.

Tab. 7.1 Zustandsdichten und Teilchenkonzentrationen pro Energieintervall in Halbleitern verschiedener Dimension, von dreidimensional (oben) bis zu Punkten (unten). (Nach Abstreiter 2014; Bimberg 2006)

Dimension	Zustandsdichte (Formel)	Kurvenform der Zustandsdichte	Teilchenkonzentration pro Energieintervall
Dreidimensional	$g(E)dE \sim (m_e)^{3/2} \sqrt{E} dE$		
Zweidimensional	$g(E)dE \sim m_e dE$		
Eindimensional	$g(E)dE \sim \dfrac{(m_e)^{1/2}}{\sqrt{E}} dE$		
Nulldimensional (Quantenpunkte)	Scharfe Niveaus		

7.5 Auf den Punkt gebracht: Nulldimensionale Halbleiter

Was sind nun *nulldimensionale Halbleiter*? Heißt das, der Halbleiter verschwindet wie Materie im Schwarzen Loch? Sicher nicht. Richtiger müsste man sagen, dass es sich um einen Halbleiter handelt, der nahezu punktförmige Strukturen enthält.

7.5.1 Woraus bestehen sie, und wie sind sie aufgebaut?

Punktförmige Strukturen können einzelne Atome sein oder größere Cluster von Atomen (bis zu einigen tausend), sogenannte *Quantenpunkte*. Ihre Ausdehnung liegt im Nanometerbereich. Punkte sind ja bekanntlich nulldimensionale Gebilde. Richtiger müsste man es so formulieren: Es handelt sich bei diesen Punkten um sehr kleine, aber endliche Gebilde, die in einen ausgedehnten Halbleiterkristall eingebettet sind. Als „Hausnummer" kannst du dir merken, dass sie einige wenige Nanometer bis zu etwa 20 nm groß sein können. Wenn du ausrechnest, wie groß ein Halbleiteratom etwa ist, nämlich typischerweise 0,5 nm, so passen in einen Würfel mit 10 nm angenommener Kantenlänge schon $20^3 = 8000$ Atome. Das sind doch immerhin ziemlich viele.

In Tab. 7.1 siehst du in der unteren Zeile bei den Zustandsdichten einzelne scharfe, linienförmige Niveaus. Sie können jeweils nur mit zwei Ladungsträgern besetzt werden (die 2 wieder wegen des Pauli-Prinzips!). Je lokalisierter die Cluster sind, desto weiter liegen die Niveaus energetisch auseinander. Das kann zum Beispiel wichtig sein für die Schärfe von Emissionslinien des von ihnen ausgesandten Lichts.

Im Grunde sind schon die Störstellen, also Donatoren und Akzeptoren, mit denen du ja bereits Bekanntschaft geschlossen hast, solche nulldimensionalen Objekte. Hier existieren Elektronenzustände wie bei einem einzelnen Atom, speziell einem Wasserstoffatom (wenn es sich um einen Donator handelt), oder Lochzustände wie bei einem Anti-Wasserstoffatom (Akzeptor). Der zugehörige Bohr-Radius hängt von der effektiven Masse (Abschn. 2.2.2) ab und liegt bei einem Siliziumdonator zum Beispiel bei knapp 2 nm (Tab. 2.4).

7.5.2 Quantenpunkte, die aber gar keine Punkte sind

Quantenpunkte sind vor allem Gebilde, die nicht wie Donatoren und Akzeptoren lediglich ein Atom enthalten, sondern immerhin schon einige zehntausend – das sind allerdings aus makroskopischer Sicht immer noch „sehr wenige"! Sie bilden dann Zustände aus, die aus einzelnen Niveaus bestehen, ähnlich etwa wie die der Donatoren, nur sind sie auf einen im Nanometerbereich ausgedehnten, aber dennoch ziemlich scharf begrenzten Bereich konzentriert, man spricht von *Potenzialtöpfen* und von *Pseudoatomen*. Einen nulldimensionalen Halbleiter im strengen Sinne gibt es also leider nicht, sondern es handelt sich eher um Inseln, an denen die Elektronen oder Löcher in festen Zuständen gebunden sind.

Es gibt einige Möglichkeiten, Quantenpunkte zu erzeugen. Immer handelt es sich dabei um sehr kleine Einschlüsse eines anderen Halbleitermaterials in einem

Grundhalbleiter, zum Beispiel Indiumarsenid (InAs) in Grundmaterial Galliumarsenid (GaAs) oder Indiumnitrid (InN) in Galliumnitrid (GaN); daneben gibt es auch InAs in Silizium. Zur Orientierung, welche Kombinationen möglich sind, kannst du Abb. 7.4 heranziehen.

Das Verrückte ist, dass sich die Quantenpunkte im Verlauf des Züchtungsprozesses tatsächlich selbst so organisieren können, dass sich regelmäßige Strukturen von allein bilden. Zum Beispiel geschieht dies beim Aufwachsen einer Halbleiterschicht auf die eines anderen Halbleiters, auf die sie eigentlich von den Abständen zwischen den einzelnen Atomen her gesehen nicht passt. Das führt zu Verspannungen, die irgendwann reißen, und zwar – zum Glück für die Anwendungen – zu einer regelmäßigen Strukturbildung führen, bei der aber jeweils ein Teil der Verspannungen abgebaut wird.

Es ist aber auch möglich, einzelne „Punkte" beim Kristallwachstum gezielt einzubauen. Das ist technologische Feinstarbeit, die allerdings mit einem chemischen Verfahren (genannt MOCVD, die Abkürzung steht für „metallorganische Gasphasenepitaxie") oder mittels physikalischer Verfahren (MBE, „Molekularstrahlepitaxie") bewerkstelligt werden kann. Wenn du dir einen genaueren Überblick über die verschiedenen Wachstumsmechanismen verschaffen willst, kann ich dir den Artikel von Bimberg (2006) im *Physik Journal* empfehlen.

Nun wollen wir auch wissen, welche Energieniveaus in solchen Quantenpunkten möglich sind und wie sie besetzt werden können.

Du erinnerst dich doch noch: Während in homogenen dreidimensionalen Halbleitern die Energiezustände in den Bändern (Leitungs- und Valenzband) bezüglich der Energie kontinuierlich verteilt sind, liegen sie bei einem einzelnen Atom in der „äußeren Welt" als scharfe Niveaus vor.

Im Donator eines Halbleiters, also in der „Halbleiterwelt", ist die Situation ähnlich, nur ist hier die räumliche Ausdehnung der Elektronen größer, und die Niveaus liegen nicht sehr tief unterhalb des Leitungsbandes (beim Akzeptor oberhalb des Valenzbandes). Beachte auch, dass ein Donator nur aus einem einzelnen Atom besteht, der sein eigenes Elektron mitbringt. (Ein Akzeptor bringt entsprechend sein eigenes Loch mit.) Dieses Donatorelektron ist nur schwach gebunden und hält sich schon bei nicht sehr tiefen Temperaturen in der Regel im Leitungsband auf.

Die Quantenpunkte stellen ebenfalls atomähnliche Energieniveaus zur Verfügung (Abb. 7.10). Ein Quantenpunkt mit seinen einigen tausend bis zehntausend Atomen bringt aber, anders als ein Donator, kein „eigenes" Elektron mit, sondern seine Energieniveaus werden von den Elektronen des umgebenden Halbleiters gespeist. Ausgedehntere „Quantenpunkte" bedeuten flachere Töpfe.

Natürlich kann es keine „ausgedehnten Punkte" geben; das wäre ein Widerspruch in sich. Man sollte deshalb vielleicht von Klecksen statt von Punkten sprechen, oder? Nennen wir sie doch ruhig Quantenkleckse. Du bemerkst auch hier

7.5 Auf den Punkt gebracht: Nulldimensionale Halbleiter

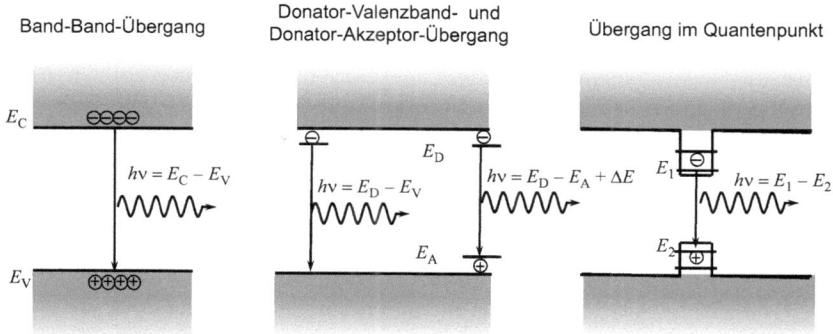

Abb. 7.10 Energiezustände mit zugehörigen Übergängen im Vergleich. Links: Band-Band-Übergang in einem Halbleiter, Mitte: Übergang zwischen Donatorniveau und Valenzband sowie Donator-Akzeptor-Übergang, wie in Abb. 6.5, rechts: Energieniveaus eines Quantenpunktes mit entsprechendem Übergang.

wieder, dass Quantenpunkte nicht wirklich Punkte sind, wie es die Überschrift zu diesem Abschnitt suggeriert. Nichtsdestotrotz – bezüglich ihrer elektronischen und optischen Eigenschaften sind sie dennoch „nulldimensional".

Und noch etwas kommt meist hinzu: Innerhalb des Quantenpunktes (oder „Quantenkleckses"!) ist nicht nur der Bandrand des Leitungsbandes erniedrigt, sondern auch der Rand des Valenzbandes erhöht. Er stellt deshalb sowohl eine Mulde für die Elektronen als auch (auf dem Kopf stehend) für die Löcher dar. Du hast es dir richtig gemerkt – es handelt sich in diesem Fall um Typ-I-Strukturen entsprechend Abb. 7.2.

Für die energetischen Verhältnisse an einem Quantenpunkt benutzt man das Bild eines Potenzialtopfes wie in Abb. 7.10 rechts, natürlich in drei Dimensionen. Im Vergleich dazu sind links und in der Mitte die Niveaus und die optischen Übergänge im undotierten Halbleiter und an Donatoren gezeigt, wie du sie schon aus Abb. 6.5 kennst. In den Potenzialtöpfen des Quantenpunktes bilden sich Energieniveaus heraus wie bei einem klassischen freien Atom auch oder eben wie bei einem Donator, nur liegen sie in einem Quantenpunkt viel tiefer unter dem Bandrand. Ihre energetische Lage hängt von der Ausdehnung des einzelnen Potenzialtopfes ab. Sehr vereinfacht gesagt: Je größer das Cluster ist, desto enger liegen die Zustände energetisch zusammen.

Wie in Abb. 7.10 rechts dargestellt, können im Topf außer dem Grundzustand noch höherliegende Energieniveaus existieren, welche nicht unbedingt mit Elektronen gefüllt sein müssen. Ein typischer Wert für die Tiefe des Energieniveaus im Quantenunkt ist 100 … 300 meV unter dem Leitungsband (für Löcher: über dem Valenzband); das ist tiefer als die Tiefe bei Donatoren und Akzeptoren (Absch. 2.2.2).

Wie viele Ladungsträger kann ein einzelner Quantenpunktzustand (oder „Quantenklecks"!) enthalten? Wenn er klein ist, passt gerade ein Elektron hinein. Wo ein Elektron ist, könnte sich gleichzeitig gerade noch ein zweites aufhalten, als Folge des Pauli-Prinzips. Leider verhindert das die Coulomb'sche Abstoßung. In der Unterwelt, also am Valenzband, gilt das Gleiche für die Löcher.

Kombinieren wir die Ober- und die Unterwelt, so sind mehrere Teilchenkombinationen in einem Quantenpunkt möglich (Abb. 7.11):

- Oben ein Elektron (–) allein oder unten ein Loch (+) allein, in der Abbildung nicht eingezeichnet
- Oben ein Elektron und gleichzeitig unten ein Loch; ein solches Paar heißt *Exziton* (in diesem Fall ist es ein *gebundenes* Exziton, bezeichnet mit X, im Gegensatz zu freien Exzitonen, welche sich als Paar von Elektron und Loch unter Umständen ungebunden im Leitungs- und Valenzband bewegen können; die sind aber für uns im Zusammenhang mit Quantenpunkten nicht von Interesse)
- Zwei Elektronen oben (man spricht dann von einem Spin-up- und Spin-down-Elektron) und ein Loch unten oder, anders gesprochen, ein Exziton mit einem zusätzlichen Elektron, kurz X^-, auch *Trion* genannt
- Umgekehrt: Zwei Löcher unten, mit einem Elektron oben, oder kurz X^+, ebenfalls als Trion bezeichnet
- Zwei Elektronen und zwei Löcher, auch *Biexziton* genannt, kurz XX

Der Vorteil von gleichzeitig gebundenem Elektronen und Löchern besteht in einer zusätzlichen Coulomb'schen Bindung, wodurch das Freisetzen in das Band des umgebenden Halbleiters zusätzlich ein wenig erschwert wird.

Im Lumineszenzspektrum wie in Abb. 7.11 unten kann man die Emission, die von solchen Komplexen herrührt, gut nachweisen (Bimberg et al. 2011).

Für welche Anwendungen sind diese Quantenpunktgebilde geeignet? Wir greifen im Folgenden einige wichtige Fälle heraus:

- Elektronenpumpen, Coulomb-Blockade und Einelektronentransistoren
- Punktförmige Laserquellen, auch mit der Möglichkeit der „Verschränkung" an Quantenpunkten (darauf kommen wir später)

Weitere Anwendungen sind unter den Stichwörtern

- zelluläre Quantenautomaten (Smoliner 2018) und
- Speicherelemente mit Quantenpunkten (Bimberg et al. 2009; Bimberg 2006, 2012)

in der Literatur zu finden.

7.5 Auf den Punkt gebracht: Nulldimensionale Halbleiter

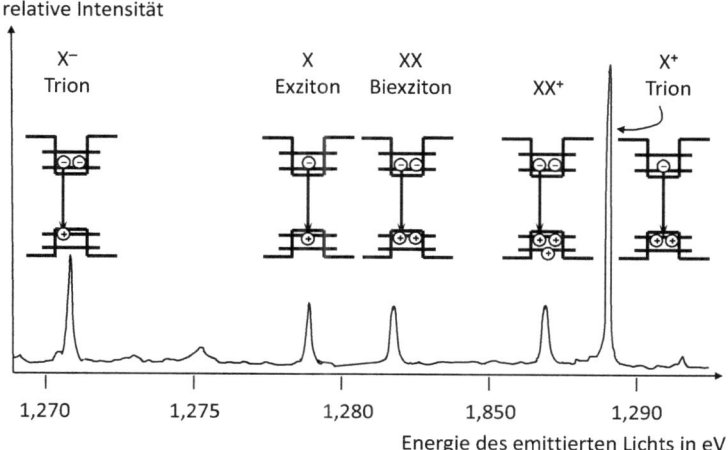

Abb. 7.11 Emissionsspektrum eines InAs-Quantenpunktes in einer GaAs-Matrix. Die Anteile der einzelnen Exzitonentypen sind gut zu erkennen. (Grundlage: Messungen von Bimberg et al. 2011)

7.5.3 Elektronenpumpen, Coulomb-Blockade und Einelektronentransistoren

Wird in einem solchen gerade erwähnten lokalisierten Zustand (Quantenpunkt) ein einzelnes Elektron gebunden, so kann, wenn er hinreichend klein ist, ein zweites infolge der dann vorhandenen Coulomb-Abstoßung schon nicht mehr aufgenommen werden (die oben erwähnten Trionen würden ja zusätzlich ein Loch im Valenzband benötigen). Das zweite Elektron wird also blockiert. Dieser Effekt wird *Coulomb-Blockade* genannt. Der Quantenpunkt stellt dann so etwas wie einen Mini-Kondensator dar, dessen Kapazität so klein ist, dass gerade ein Elektron hineinpasst. Makroskopisch führt dies dazu, dass der Strom diskontinuierlich fließt; ein neues Elektron gelangt nur dann wieder über den Übergang, wenn dieser vorher freigeworden ist. Quantenpunkte mit größeren Kapazitäten könnten allerdings auch entsprechend mehr Elektronen aufnehmen. Das geschieht schrittweise, wobei jede zusätzlich hinzufließende einzelne Elektronenladung einen Strompeak verursacht (Abb. 7.12). Es handelt sich damit um eine *Elektronenpumpe*. Der Begriff von fließenden Ladungen ist demnach vielleicht nicht ganz zutreffend – man sollte eher von „tropfenden" Ladungen reden. Die Physiker, die mit solchen Objekten arbeiten, weisen aber darauf hin, dass die Coulomb-Blockade zwar an Quanten-

Abb. 7.12 Schrittweise Erhöhung der Ladung an einem Quantenpunkt (oben) und zugehörige Leitfähigkeits-Peaks bei jedem Ladungstransport (unten). Es handelt sich um berechnete Kurven; die experimentellen Werte stellen sich leider nicht so deutlich dar. (Aus Smoliner 2018)

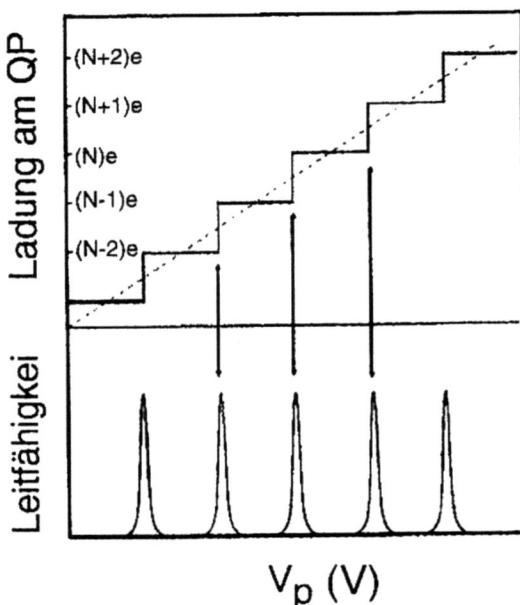

punkten stattfindet, aber ein rein klassischer physikalischer Effekt ist. Eine tiefergehende Behandlung dieses Problems findest du bei Smoliner (2018).

Auf Basis der Elektronenpumpe lassen sich unter Umständen Einelektronentransistoren (SETs, Single Electron Transistors) bauen (welt1 2006; Morsch 1998). Was ist daran so interessant? Im Aufbau ist so ein Transistor nichts anderes als ein normaler MOSFET, dessen Kanal aber so eng ist, dass lediglich ein Elektron hindurchschlüpfen kann. Grundsätzlich ist es ja im Sinne der Energieeinsparung wünschenswert, durch einen Transistor so wenig Strom wie möglich fließen zu lassen. Allerdings ist diese Möglichkeit dadurch begrenzt, dass ein kleinerer Strom als der durch ein einzelnes Elektron hervorgerufene nicht möglich ist. Der Einelektronentransistor ist damit der kleinste überhaupt realisierbare Transistor. Jeder Ladungsübergang an diesem Quantenpunkt äußert sich wegen $I = dQ/dt$ als Strompeak, wie du in Abb. 7.12 erkennen kannst.

Die Steuerung eines solchen Transistors geschieht über zwei dicht hintereinanderliegende Barrieren, zwischen denen sich der besagte Quantenpunkt befindet (Abb. 7.13); seine Abmessungen müssen sehr klein sein, damit die Energieniveaus tief genug sind.

7.5 Auf den Punkt gebracht: Nulldimensionale Halbleiter

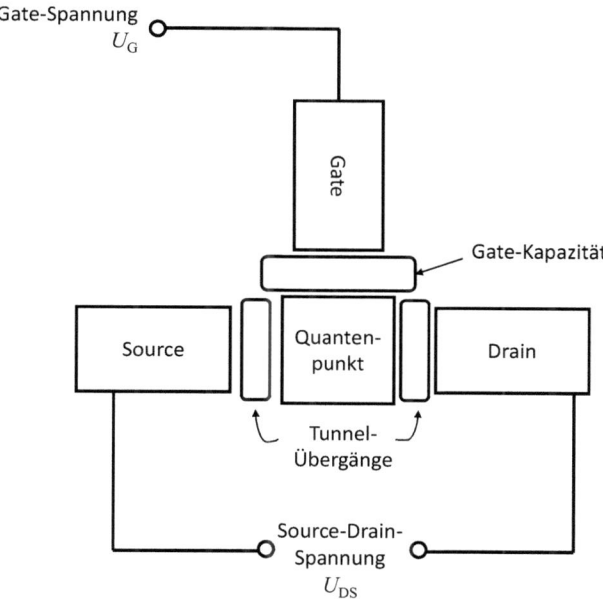

Abb. 7.13 Schematischer Aufbau eines Einelektronentransistors (SET). Wie man sofort erkennt, unterscheidet er sich prinzipiell (aber nur prinzipiell!) nicht sehr stark von einem „normalen" MOSFET. (Nach Wikipedia 2021)

Tatsächlich unterscheidet sich das räumliche Bild eines solchen SET wie in Abb. 7.13 scheinbar nicht von dem eines üblichen MOSFET. Der Unterschied liegt also im physikalischen Detail. Das kannst du anhand von Abb. 7.14 erkennen, in der die Tunnelübergänge, weil sehr schmal, schon nicht mit gezeichnet sind. Durch die Barrieren hindurch kann das Elektron tunneln, wenn es durch seine Ladung eine hinreichende Energie mitbringt. Tunneln heißt – du erinnerst dich – ein Teilchen läuft durch eine sehr dünne, eigentlich undurchdringliche Wand. So etwas klappt nur in der Quantenmechanik!

Entscheidend ist, dass der mittlere Teil, der eigentliche Quantenpunkt, welcher vom Gate gesteuert wird, aus einzelnen diskreten Niveaus besteht. Das haben wir uns ja oben schon klargemacht. Nun ist es so, dass zwischen Source und Drain infolge der anliegenden Spannung U_{DS} ein Potenzialgefälle besteht, wie es in Abb. 7.14 im Energieschema als Differenz der Fermi-Niveaus gezeichnet ist. Elektronen könnten dann von der Source zum Drain übertreten, wenn dazwischen, im Quantenpunkt, ein freier Zustand existiert. Links in der Abbildung ist eine Si-

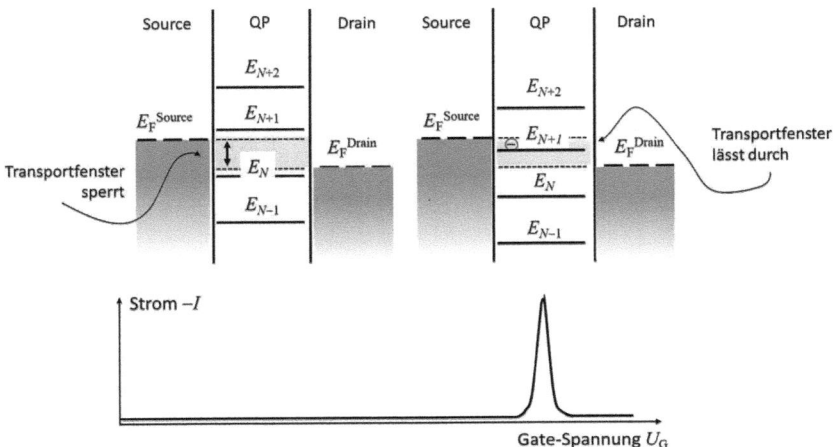

Abb. 7.14 Oben: Energieniveaus an einem Einelektronentransistor. Links befindet sich im Transportfenster kein freier Zustand des Quantenpunktes. Wird jetzt durch eine Veränderung der Gate-Spannung ein freier Zustand in dieses Fenster gebracht, so kann ein Elektron von der Source zum Drain tunneln. Dadurch entsteht ein Strom-Peak (unten). (Smoliner 2018)

tuation gezeichnet, in der kein solcher freier Zustand existiert. Das mögliche „Transportfenster" ist geschlossen. Nun könnten aber durch Veränderung der Gate-Spannung die Zustände im Quantenpunkt angehoben oder gesenkt werden. Rechts in der Abbildung sind sie gesenkt, sodass jetzt ein freies Niveau im Transportfenster liegt. Schon kann ein Elektron über diesen Zustand ins Drain-Gebiet überwechseln! Einem zweiten wird das aber nicht mehr gelingen, wegen der Coulomb-Blockade. Der Strom erfährt dadurch als Funktion der Gate-Spannung einen Peak. Eine Ergänzung sei noch angebracht: Obwohl wir ständig das Wort „Quanten…" in den Mund genommen haben, beruht das Prinzip des Einelektronentransistors auf ganz und gar klassischer Physik, abgesehen von den erwähnten Tunnelübergängen.

Jetzt ist es leider nicht so, dass du dir morgen ein Smartphone kaufen kannst, das auf der Basis von Einelektronentransistoren arbeitet und dadurch sehr stromsparend ist. Dieser ganze Vorgang funktioniert leider nur bei sehr tiefen Temperaturen, und du müsstest dein Smartphone schon in flüssiges Helium tauchen (am besten noch unter 4,2 K). Wozu ist solch ein Transistor dann überhaupt zu gebrauchen? Immerhin bringt er uns grundlegende Erkenntnisse und einige wenige Anwendungen.

7.5 Auf den Punkt gebracht: Nulldimensionale Halbleiter

Beispielsweise kann man mit einer ganzen Kette von Einelektronentransistoren ein Stromnormal bauen. Das beruht auf folgender Idee: Der Stromfluss ergibt sich als Ladungsänderung pro Zeiteinheit, gemäß

$$I = \frac{dQ}{dt} = \frac{d(ne)}{dt} = e\frac{dn}{dt}.$$

Die Ableitung dn/dt ist nichts anderes als die Teilchenfrequenz beim Durchlaufen des Normals. Damit lässt sich eine Strommessung nun ganz einfach auf eine Frequenzmessung zurückführen. Es ist

$$e\frac{dn}{dt} = e \cdot \text{Frequenz}.$$

An die Stelle der althergebrachten Methode mittels zweier stromdurchflossener Leiter – du kennst sie ja sicher – tritt dann ein modernes und präzises Eichverfahren für den elektrischen Strom. Für derartig grundlegende Zwecke ist ja auch die Bereitstellung tiefer Temperaturen kein Hindernis. Solche Untersuchungen werden an der Physikalisch-Technischen Bundesanstalt (PTB) durchgeführt, nachzulesen bei Kästner (2008).

Wenn du nun noch weitergehende Informationen zu SETs erhalten möchtest, kannst du die sehr detailliert in dem Büchlein von Smoliner (2018) erfahren.

7.5.4 Quantenpunktlaser

Die Anwender hätten es gern, wenn kompakte, energiesparende Laser möglichst gezielt für ihre Wunschwellenlänge bereitgestellt würden. Quantenpunktlaser kommen dem sehr entgegen. Hierbei gibt es jedoch einige Dinge zu beachten:

Grundsätzlich ist es ja so, dass bei der Kristallzüchtung in der Regel eine Vielzahl unterschiedlich großer Quantenpunkte entsteht, ihre Größe streut etwas. Die räumliche Ausdehnung der von ihnen erzeugten Potentialmulde beeinflusst wiederum die Lage ihrer Energieniveaus. In der Summe ergibt sich eine Vielzahl benachbarter Niveaus, gruppiert um einen mittleren Wert.

Durch geeignete Verfahren lassen sich gezielt Quantenpunkte mit bestimmter mittlerer Ausdehnung und entsprechenden Niveaus erzeugen. Durch Zusammensetzung und Punktgröße lassen sie sich hinsichtlich ihrer Emissionswellenlänge einstellen. Quantenpunktlaser können dadurch gerade solche Wellenlängenbereiche abdecken, die für Halbleiterlaser absolut wichtig, jedoch mit konventionellen Halbleiterlasern nur sehr schwer zu realisieren sind. Sie haben große Vorzüge bezüglich Ausgangsleistung, Temperaturstabilität und Bandbreite – das ist für die Datenübertragung wichtig. Aber auch die Breite des gewünschten Emissionsspektrums lässt sich durch geeignete Züchtungsparameter einstellen und damit den gewünschten Anwendungen anpassen (Bimberg et al. 2009; Michler et al. 2008).

Quantenpunktlaser können sogar den roten Bereich des optischen Spektrums abdecken, zum Beispiel bei Wellenlängen um 634 oder 700 nm (Riedl 2002). Diese Wellenlängen konnten früher nur von den viel ineffizienteren Gaslasern, zum Beispiel Helium-Neon-Lasern, abgedeckt werden. Dadurch sind inzwischen zahlreiche weitere Anwendungen möglich, zum Beispiel beim Laser-TV oder in der Medizin bei der optischen Kohärenztomografie (OCT), deren Haupteinsatzgebiet bei Untersuchungen des Augeninneren liegt.

Nun gibt es in jedem Quantenpunkt oft auch die bereits in Abschn. 7.5.2 erwähnten höher liegenden Energieniveaus. Sie liegen aber zum Glück energetisch so weit vom Grundzustand entfernt, dass eine thermische Anregung mit Übergang des Elektrons in ein derartiges Niveau unwahrscheinlich ist. Das bedeutet, dass die bei der Lumineszenz eines einzelnen Quantenpunktes ausgesandten Emissionslinien spektral sehr scharf sind; sie setzen sich nur aus den Linien des tiefen Niveaus zusammen. Quantenpunktlaser sind sehr temperaturstabil. Außerdem saugen die Quantenpunkte, weil sie so weit unter dem Bandrand liegen, die Ladungsträger aus den Bändern sehr schnell ein, was zu hoher Ausbeute und Stabilität auch in Materialien mit hoher Defektdichte führt.

Als Lasermaterial für kurze Wellenlängen eignet sich die Mischreihe der Verbindungen von Indium-Gallium-Nitrid (InGaN). Wegen ihrer höheren Bandgaps sind sie für die Emission kürzerer Wellenlängen gemäß $\lambda = hc/E_g$ geeignet. Leider ist in diesen Halbleitermaterialien der Anteil der strahlenden Übergänge nicht sehr groß, die Ladungsträger bevorzugen andere Rekombinationsmöglichkeiten. Durch Quantenpunkte wird die Ausbeute aber deutlich verbessert, da in diesen Punkten die Ladungsträger schnell eingefangen werden.

Ein wichtiger Aspekt der modernen Datenkommunikation ist auch die Signalübertragung über lange Strecken. Das geschieht meist über Glasfaserkabel. Besonders interessant hierfür sind hier solche Laser, die bei den Wellenlängen 1,3 und 1,53 µm emittieren. Das sind nämlich gerade die Bereiche, bei denen die Glasfaser ein Dämpfungsminimum aufweist. Für diese Emissionsbereiche eignen sich die Materialkombinationen InAs/GaAs und InAs/InP.

Neben den Lasern am Anfang einer Übertragungsstrecke sind bei größeren Entfernungen auch Repeater erforderlich, die das optische Signal auffrischen. Dazu dienen optische Verstärker auf der Basis der Quantenpunktlaser, welche einzelne Photonen, die auf einer Seite eintreten, durch stimulierte Emission verstärkt auf der anderen Seite austreten lassen. Quantenpunktlaser sind hierbei ausgesprochen vorteilhaft gegenüber klassischen Lasern, insbesondere hinsichtlich Bandbreite, Arbeitsgeschwindigkeit und zeitlicher Stabilität, denn viele Anwendungen (Unterwasserkabel!) müssen ja über lange Zeiträume hinweg sehr zuverlässig funktionieren.

Eine weitere Anwendung stellen Einzelphotonenemitter dar (Smoliner 2018, S. 99; Bimberg et al. 2011; Michler et al. 2008). Bei ihnen wird pro elektrischem Taktsignal von einem Quantenpunkt jeweils nur ein einzelnes Photon ausgesandt. Vorteilhafterweise wird dabei sogar die Polarisation des Photons (Ausrichtung der Schwingungsebene) festgelegt. Das könnte für die Quantenkryptografie interessant werden.

7.6 NV-Zentren im Diamant – vielleicht eine Basis für Quantencomputer?

Das vorliegende Buch ist eines über Halbleiter und die aus ihnen gefertigten Bauelemente und keines über Quantencomputer. Da aber die in diesem Abschnitt besprochenen Quantenpunkte eine der möglichen Realisierungen von Quantencomputern zulassen, wollen wir uns hier wenigstens einen kurzen Einblick in dieses Thema verschaffen. Wohlgemerkt – das ist der Stand von 2024, und die folgenden Jahre mögen noch etliche Modifikationen bringen.

7.6.1 Was du an dieser Stelle über Quantencomputer wissen musst

Zunächst: Es ist natürlich vermessen, auf wenigen Seiten etwas Vernünftiges über Quantencomputer schreiben zu wollen, wenn andere Leute damit ganze Bücher voll kriegen. Deshalb sparen wir es uns, die Notwendigkeit für Quantencomputing zu hinterfragen, und halten lediglich fest, dass die elementaren Logikbausteine der Quantencomputer, im Gegensatz zu klassischen Bits, nicht nur die Werte null und eins (0 und 1), sondern auch alle unendlich vielen Zwischenwerte annehmen können. Das kannst du dir vorstellen wie die Zusammensetzung eines Vektors in der Ebene aus seinen Komponenten in zwei Koordinatenrichtungen. Der Vorgang heißt Superposition. Bei einem klassischen Computer (Abb. 7.15, links) wäre nur einer der beiden Werte $x = 0$ oder $x = 1$ möglich; in der Abbildung ist als Beispiel der Zustand $x = 0$ gezeichnet. Bei einem Quantencomputer sind hingegen auch Werte wie „ein bisschen x" und „ein bisschen y" (Abb. 7.15, rechts) möglich.

Abb. 7.15 Gegenüberstellung von klassischen Bits (links) und Qubits (rechts)

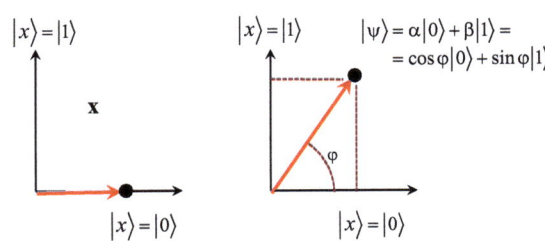

Das tatsächliche Ergebnis hat dabei Wahrscheinlichkeitscharakter: Mit der Wahrscheinlichkeit $|\alpha^2|$ wird für ψ eine Eins gemessen, mit der Wahrscheinlichkeit $|\beta^2|$ erhält man eine Null. Das scheint verwirrend, aber so ist es in der Quantenmechanik nun einmal. Wie kommt man dann zu zuverlässigen Ergebnissen für ψ? Das gelingt nur bei einer Vielzahl von Messungen – im Mittel stellt sich für ψ dann ein Vektor mit den „richtigen" Parametern α und β ein.

Ergänzung
In Abb. 7.15 ist übrigens eine Schreibweise gewählt, wie sie in der Quantenphysik und entsprechend auch in der Quanteninformatik gebräuchlich ist, nämlich als sogenannter „Bra-Vektor" $|x\rangle$. (Das Gegenstück wäre ein „Ket-Vektor" $\langle x|$, hier nicht verwendet). Diese Schreibweise veranschaulicht, dass es sich um spezielle Bits handelt, sogenannte *Qubits* (abgeleitet vom Wort „Quantenbits"). In unserer Darstellung ist die Vektorbasis gegeben durch $|x\rangle = |0\rangle$ und $|x\rangle = |1\rangle$, also durch zwei Zustände:

$$\psi = \alpha|0\rangle + \beta|1\rangle.$$

Die beiden Vektoren $|0\rangle$ und $|1\rangle$ bilden eine sogenannte orthonormierte Basis. Mittels einer geeigneten Transformation könnte diese auch geändert werden. Das geht aber schon in den eigentlichen Bereich der Informatik hinein.

Nimmst du jetzt noch einen zweiten Vektor $|y\rangle$ hinzu, so sind die Basiszustände von beiden zusammen gegeben durch
- $|x, y\rangle = |00\rangle, |x, y\rangle = |01\rangle |x, y\rangle = |10\rangle, |x, y\rangle = |11\rangle$,
also $2^2 = 4$ Zustände, entsprechend
$\psi = \alpha|00\rangle + \beta|01\rangle + \gamma|10\rangle + \delta|11\rangle$

Es ist leicht einzusehen, dass die Vielzahl der möglichen Zustände stark anwächst, wenn man nicht nur zwei, sondern drei oder noch mehr Basisvektoren zugrunde legt; es werden dann bei n Basisvektoren 2^n Zustände sein. Beim Rechnen mit Qubits steigt die Zahl der erfassten Zustände also mit der Zahl der Vektoren gleich exponentiell an. Darin liegt der große Vorteil des Quantencomputing. Die Bereitstellung solcher Zustände, die dies leisten, ist genau die Grundlage, die die Physik für das Quantencomputing bereitstellen muss. Es ist aber sehr schwer, Systeme zu finden, die eine größere Zahl von Qubits enthalten. Google hat immerhin 2019 mit einem Quantenprozessor eine Aufgabe mit 53 Qubits gelöst, es handelt sich jedoch um ein sehr spezielles Problem (Wikipedia 2022)

Zu allem Ärger ist allerdings ein mit solchen Qubits erzeugtes Rechenergebnis nur mit einer gewissen Wahrscheinlichkeit richtig, es wird leider immer durch Störeinflüsse verfälscht. Diese können sich umso stärker auswirken, je mehr Zeit die Rechnung benötigt und je höher die Umgebungstemperatur des Computers ist. Ja, tatsächlich, höhere Umgebungstemperaturen bringen größere Ungenauigkeiten mit sich! Nach jetzigem Stand würden die meisten Quantencomputer gegenwärtig bestenfalls bei sehr niedrigen Temperaturen einigermaßen zuverlässige Ergebnisse liefern, nämlich im Bereich von nur wenigen Kelvin, nahe dem absoluten Temperaturnullpunkt. Und die Bearbeitungszeit bei der Rechnung spielt eben auch noch eine Rolle: Die berechneten Resultate sind nur innerhalb von Sekundenbruchteilen stabil, dann tauschen sie Informationen mit ihrer Umgebung aus und zerfallen buchstäblich. Also, schnell rechnen und möglichst kühl bleiben!

Von solchen Mengen von Bit-Zuständen, wie sie klassische Computer heute haben, kann man in der Quanteninformatik derzeit allerdings nur träumen.

Betrachtet man einmal zwei Qubits, dann kann man ein weiteres überraschendes Ergebnis beobachten. Zwei oder mehrere Qubits können untereinander koppeln, und zwar unabhängig davon, wie weit sie räumlich voneinander entfernt sind! Diese Erscheinung nennt man *Verschränkung*. Wird nämlich ein Qubit in einen bestimmten Zustand gebracht, ändert sich gleichzeitig auch der Zustand des mit ihm quantenverschränkten zweiten Qubits. Diese augenblickliche Kopplung kann sich unter Umständen sehr vorteilhaft auf die Rechengeschwindigkeit auswirken.

Wir besinnen uns, wie denn eigentlich klassische Computer funktionieren. Bei ihnen unterscheiden wir, grob gesagt, folgende Elemente:

1. *Hardware-Basis:* Heute sind es in der Regel die steuerbaren MOSFET-Bausteine, bei denen nur die beiden Stromzustände null und eins interessieren.
2. *Mögliche Verknüpfungen zwischen diesen Bausteinen:* Das sind entweder Ströme auf den Leiterbahnen dazwischen oder Glasfaserkabel für die Übertragung von Signalen auf große Entfernungen.
3. *Algorithmen:* Sie ermöglichen die Rechnungen auf dieser Hardware-Basis.

Alternativ kann auf der Hardware-Basis auch ein Satz von logischen Gattern wie NOT, AND, OR, XOR und so weiter aufgebaut werden, welche die Basis für kompliziertere digitale Schaltungen bilden.

Bei Quantencomputern müssen solche Elemente ebenfalls in irgendeiner Weise bereitstehen, nur kommen eben entsprechend dem Verwendungszweck andere „Bausteine" infrage:

1. Man benötigt auch für sie eine Hardware-Basis. Dafür kommen im Moment mehrere ganz verschiedene Möglichkeiten in Betracht. Nach Stand 2024 sind einige der erfolgversprechendsten Quantensysteme Reihen von einzelnen Ionen, sogenannten *Ionenfallen*, *supraleitende Schaltkreise* oder *Kernspins in Molekülen*. Das sind zwar alles interessante Systeme, aber wir wollen uns ja in diesem Buch auf Halbleiter beschränken, und unter ihnen sind vor allem Gitterdefekte an sogenannten NV-Zentren im Diamant vielversprechend. Mit solchen Zentren werden wir uns unten befassen.
2. Man muss auch für Quantencomputer Verknüpfungen zwischen den Elementen herstellen, um rechnen zu können. Da kommen für die Datenübertragung beispielsweise Photonen (also Licht) infrage, allerdings in diesem Fall nicht in Glasfaserkabeln, sondern wegen der Forderung nach geringer Dämpfung nach Möglichkeit im luftleeren Raum. Bei den Photonen interessiert vor allem eine Eigenschaft: ihre Polarisation. Verknüpfungen benachbarter Bauelemente wie in der klassischen Elektronik scheinen allerdings noch nicht so gut realisierbar zu sein.
3. An entsprechenden Algorithmen zu Quantenrechnungen wird derzeit von den großen Playern (Google, IBM, Microsoft) intensiv geforscht. Entsprechend den logischen Gattern in der binären Schaltungstechnik existieren auch Quantengatter und Quantenschaltkreise, auf deren Basis weitere Berechnungen durchgeführt werden können.

Du ahnst wohl schon, dass für Quantencomputer eine vollkommen neue Art der Programmierung erforderlich ist. Das ist jedoch Aufgabe der Informatik, während die Physik ihren Beitrag geleistet hat, wenn sie ein stabiles quantenmechanisches System zur Verfügung stellt. Ausführlichere Informationen zu informationstechnischen Fragen findest du in dem schönen Buch von Homeister (2008), teilweise auch in Heise (2020) oder einem iX-Sonderheft aus dem Heise-Verlag (iX Special 2021). (Dort sind die Erklärungen aber meiner Ansicht nach in manchen Teilen weniger verständlich.) Eine historische Übersicht, bei der auch immer wieder der Name des berühmten Physikers Feynman fällt, findest du am besten in dem

Artikel von Eisert et al. (2023) im *Physik Journal*. In dieser Ausgabe sind auch neueste Entwicklungen des Quantencomputing erwähnt.

Das naheliegendste Halbleitermaterial zur Realisierung eines Quantencomputers wäre ja Silizium. Über Quantenpunkte in Silizium ist in der wissenschaftlichen Literatur schon berichtet worden (scinexx 2022; Filipp u Salis 2023; Burkart 2022). Allerdings spielt das gegenwärtig leider nur bei extrem tiefen Temperaturen eine Rolle.

Einen großen Vorteil hätten dagegen Quantencomputer, die im Diamant realisiert würden. Diamant ist unter den Halbleitern etwas Besonderes. Dieses Material ist das mit der größten Bandlücke; es wäre also wegen seiner dadurch möglichen Stabilität sehr geeignet (Podbregar 2021). Den Anforderungen, welche die Quantencomputer mit sich bringen, entspricht es in besonderem Maße. Darüber im folgenden Abschnitt mehr.

7.6.2 Physik der NV-Zentren

Aus Halbleitersicht, um die es uns hier geht, sind sogenannte NV-Zentren im Diamant besonders interessant. Worum handelt es sich dabei? Wie du ja weißt, ist Diamant nichts anderes als reiner Kohlenstoff. In Kap. 1 hast du bereits gelernt, dass er in der typischen Diamantkristallstruktur auftritt.

Diamant wäre eigentlich für die Elektronik generell attraktiv, denn dieses Material ist im Grunde gar kein Halbleiter, sondern ein idealer Isolator. Wie passt das zusammen? Das kannst du gut erkennen, wenn du dir einmal den Wert der intrinsischen Ladungsträgerkonzentration in Tab. 2.2 anschaust. Sie liegt theoretisch bei sagenhaft niedrigen $n_i = 1{,}47 \cdot 10^{-27}\,\text{cm}^{-3}$, ist also praktisch null. Vergleiche das einmal mit den Werten von n_i für Silizium. Richtig, dort ist n_i ungefähr um 30 Potenzen höher. Das hast du richtig gelesen, 30 Potenzen! Anders als im Silizium ändern sich die Werte im Diamant auch nicht wesentlich, wenn die Temperatur erhöht wird. Darüber hinaus besitzt Diamant eine hervorragende Wärmeleitfähigkeit und wird sich deshalb im Betrieb nicht merklich aufheizen.

Jetzt fragst du dich sicher, warum trotz seiner guten Eigenschaften nicht die ganze Welt Diamanthalbleiter benutzt. Der Grund ist – leider –, dass sich die Kristalle nur unter hohem Druck züchten lassen, im Gegensatz zu Silizium (ähnlich ist es übrigens mit dem Galliumnitrid). Und weiterhin sind bisher keine Störstellenatome gefunden worden, die sich als Lieferanten der freien Ladungsträger im Diamant eignen würden. Fragen wir uns deshalb doch einmal, welche Atome vom Periodensystem angeboten würden, um einen Donator zu bilden. Diamant, also

Abb. 7.16 Kristallstruktur des NV-Zentrums in der Elementarzelle des Diamantgitters. Eines der Kohlenstoffatome ist durch ein Stickstoffatom (N) besetzt, am Nachbarplatz fehlt es (Vakanz, V) (vgl. mit Abb. 1.4) 1

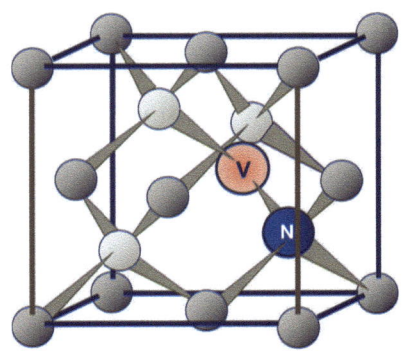

Kohlenstoff, ist ein Element der IV. Hauptgruppe, entsprechend müssen wir in der V. Hauptgruppe suchen, wenn wir ein Element mit einem zusätzlichen Hüllenelektron finden wollen. Stickstoff (N) böte sich als Erstes an; er besitzt tatsächlich ein Hüllenelektron mehr als Kohlenstoff, wie gefordert. Unglücklicherweise tut uns ein Stickstoffatom aber den Gefallen nicht, als Donator aufzutreten.

Wenn man einen Diamantkristall mit Stickstoffatomen beschießt, kann zwar an einigen Stellen ein Kohlenstoffatom durch ein Stickstoffatom ersetzt werden, dabei bildet sich aber häufig auf dem benachbarten Gitterplatz eine Fehlstelle („vakante Gitterstelle") (Abb. 7.16). An einem solchen NV-Zentrum kann ein Elektron gebunden werden, jedoch sitzt dieses so tief im Bandgap, dass es nicht in der Lage ist, ins Leitungsband aufzusteigen. Solche Diamantkristalle sind dunkelblau oder pink gefärbt. Die an einem NV-Zentrum festgehaltenen Elektronen bleiben lange Zeit dort sitzen, liefern also keinen Beitrag zur Leitfähigkeit. Stattdessen ist das NV-Zentrum aber für etwas anderes geeignet, denn es ist ideal für mögliche Anwendungen als Basis von Quantencomputern. Diamant kommt also dem Anliegen, stabile Quantenpunktzentren zu erzeugen, wegen seines stabilen Temperaturverhaltens sehr entgegen. Selbst bei Raumtemperatur lösen die NV-Zentren kaum Gitterschwingungen in ihrer Umgebung aus, welche ja die schöne Ordnung wieder durcheinanderbringen könnten (scinexx 2021).

Die Frage war, welche physikalischen Systeme in der Lage sind, die erwähnten Qubits zu repräsentieren. Ein klassischer Computer benutzt zur Realisierung der Bits Null und Eins die beiden Schaltzustände eines Halbleitertransistors. Für Quantensysteme dagegen nutzt man elementare Zustände in der Mikrowelt. Das können zum Beispiel gekoppelte Elektronenzustände sein oder gekoppelte Spins von Elektronen und Kernen.

7.6 NV-Zentren im Diamant – vielleicht eine Basis für Quantencomputer?

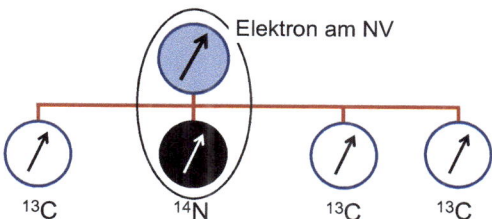

Abb. 7.17 Schema des Quantenregisters an einem NV-Zentrum im Diamant. Zwischen dem Spin des Elektrons am NV-Zentrum und den Kernspins am Stickstoff und seiner Umgebung (Isotope ^{14}N und ^{13}C) besteht eine Kopplung. Die Kernspins können sowohl durch den Elektronenspin selbst als auch durch Mikrowellen gesteuert werden. (Nach Waldherr 2003)

Im Gegensatz zur Lumineszenz interessiert man sich allerdings am NV-Zentrum weniger für die energetische Lage des gebundenen Elektrons, sondern für seine Spinzustände. Die für das Quantencomputing benötigte Information steckt also im Elektronenspin und darüber hinaus auch im Kernspin des Stickstoffatoms sowie in den Kernspins einiger Kohlenstoffatome, die sich in der Umgebung des NV-Zentrums befinden. Manche Atomkerne besitzen ja, wie die Elektronen, ebenfalls einen Spin. Im Fall des Diamant sind zwar die meisten Kerne spinlos, nämlich die des Kohlenstoffisotops ^{12}C, aus denen Diamant zu 99 % besteht. In der Natur kommt jedoch auch ein geringer Anteil von Atomen des Kohlenstoffisotops ^{13}C vor. Sie sind unweigerlich auch in jedem Diamantkristall enthalten. Genau diese Isotope besitzen den erwähnten Kernspin und kommen deshalb als Informationsträger infrage (Abb. 7.17). Allerdings muss die Information nun auch ein- und ausgelesen werden können; dazu benutzt man den Elektronenspin des Farbzentrums selbst, das man mit Mikrowellen bestrahlt. Du siehst, alles ist eine ziemlich große „Spinnerei".

Etwa zehn der ^{13}C -Atome in der Nähe des Farbzentrums reichen, um mit dem Elektronenspin des Farbzentrums ziemlich fest zu koppeln, und bilden so die Hardware-Grundlage für die Qubits. (Auch andere in der Nähe gelegene NV-Zentren könnten mit diesem koppeln.) In diesen Zentren lässt sich die Information über Stunden speichern. Weitere 30 bis 40 Atome koppeln schwächer, könnten aber eventuell auch noch als Quantenspeicher dienen. So ist es bereits gelungen, ein spezielles logisches Quantengatter (ein CNOT-Gatter) mittels NV-Zentren anzusteuern und auszulesen (Waldherr und Wrachtrup 2014).

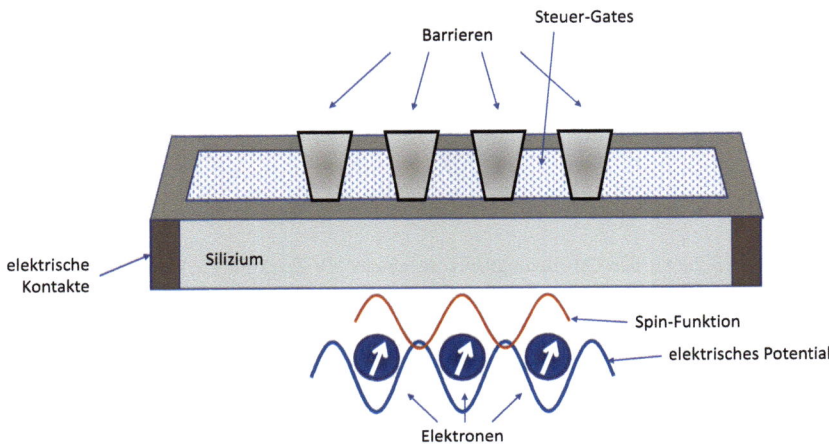

Abb. 7.18 Spin-Qubits in Silizium-Quantenpunkten. Oben ist die Struktur dargestellt, unten der Verlauf des elektrischen Potenzials und die Amplitude der Spinzustände. (Nach Filipp und Salis 2023)

Wir halten also fest: Diamant mit seinen NV-Zentren eignet sich gut als Träger von Qubits. Allerdings werden auch im Silizium Spin-Qubits untersucht. Silizium hat den großen Vorteil, dass die Herstellungsprozesse für dieses Material gut etabliert sind. Nanostrukturen sind hervorragend geeignet, eine Vielzahl von Qubits sehr kompakt unterzubringen. Einzelne Elektronen oder Löcher können in den entsprechenden Quantenpunkten festgehalten werden. Das geschieht durch ein elektrisches Potenzial, welches sich im Mikroskopischen periodisch ändert (Abb. 7.18).

Was kann man aber nun mit Qubits alles anstellen? Heute fällt die Antwort noch etwas bescheiden aus. Vermutlich wird es in absehbarer Zeit nicht dazu kommen, dass du dir einen kleinen Quantencomputer wie ein Tablet auf den Schreibtisch stellen kannst. Quantencomputer werden vorerst nur bei extrem tiefen Temperaturen arbeiten und benötigen eine aufwendige Kühlung, die nur in großen Forschungszentren bereitgestellt werden kann. Bestenfalls wird man über das Internet darauf zugreifen können.

Die Art und Weise, wie mit Quantencomputern gerechnet wird, ist noch in der Entwicklung. Stell dir vor, du hättest in der klassischen Computerwelt lediglich Transistoren vor dir, die die Hardware-Basis der Computer bilden, und zwar die

Bits 0 und 1 repräsentieren können, aber du wüsstest noch nicht, was man mit diesen Zuständen machen kann. Das müssen (oder mussten) dann die Informatiker zuwege bringen. In der Quantenwelt kennen wir zwar heute einige Systeme, die Qubits repräsentieren können, wie eben Diamant mit seinen NV-Zentren, aber wie man mit ihnen umgeht, ist eben noch nicht vollkommen klar.

Dass man alle gegenwärtigen Aufgaben der klassischen Computer bald auf Quantencomputern lösen kann, nur viel schneller, dieser Fall wird wohl nicht eintreten – zumindest nicht sehr bald. Quantencomputer werden vor allem für Spezialprobleme eingesetzt werden. Die aussichtsreichste Idee ist, die heute gängigen digitalen Verschlüsselungen der Kryptografie zu knacken. Eine weitere aussichtsreiche Möglichkeit ergibt sich bei der Informationsübertragung mittels Teleportation, das bedeutet die sichere Übertragung von Information mittels „verschränkter" Photonenpaare, wie bereits erwähnt (Michler et al. 2008; Jelezko et al. 2008; Waldherr und Wrachtrup 2014). Laut Pressemeldungen hat Google, Stand 2023, eine Rechnung mit 53 Qubits erfolgreich extrem schnell gelöst. Allerdings handelte es sich hier um ein ganz spezielles Problem. Quantenrechner auf Qubit-Basis stehen auch schon zur Verfügung, um das Programmieren zu üben, allerdings nur auf ganz bestimmten, über das Netz zugänglichen Servern.

Man wird auch Quantenrechnungen durchführen können, die unmittelbar auf Messungen basieren und diese auswerten. Alle Probleme, die unmittelbar mit atomaren oder molekularen Bindungen zusammenhängen, wären wahrscheinlich ideale Objekte für solche Quantenrechnungen. Es ist nachvollziehbar, dass gerade Quantenmaterie das geeignete Untersuchungsobjekt für Quantenrechner ist.

Den künftigen Entwicklungen kannst du also mit Spannung entgegensehen.

7.7 Zusammenfassung zu Kapitel 7

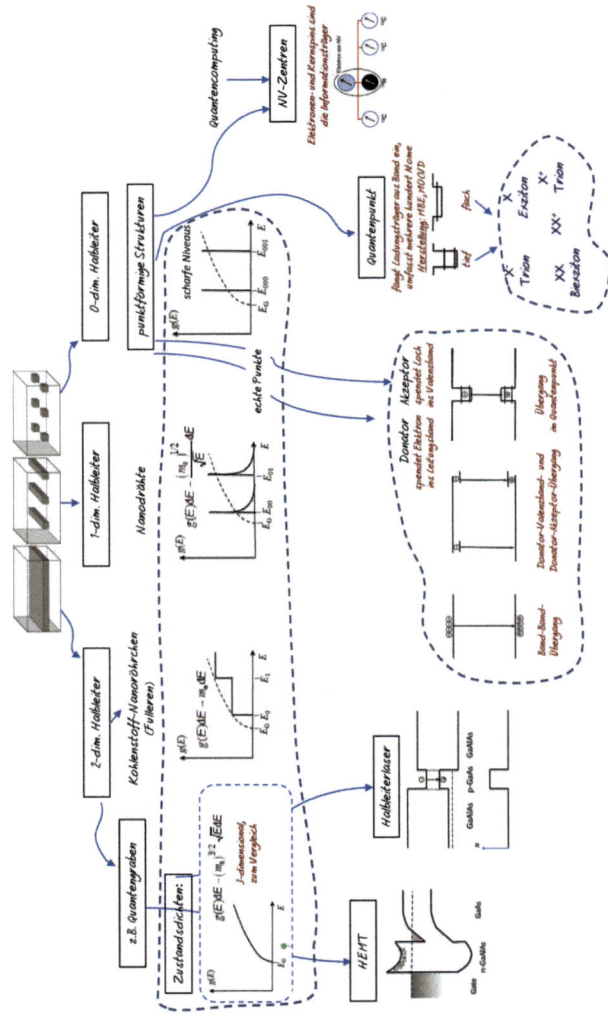

Literatur

Abstreiter G (2014) Die Dimension macht den Unterschied. Physik J 14(8/9):29
Bimberg D (2006) Der Zoo der Quantenpunkte. Physik J 5(8/9):43
Bimberg D (2012) Vom hässlichen Entlein zum Schwan. Physik J 11(5):25
Bimberg D, Rodt S, Pohl UW (2009) Halbleiter-Quantenpunkte – ein Blick in die Welt der Nanos. In: Martiensen W, Röß D (Hrsg) Physik im 21. Jahrhundert – Essays zum Stand der Physik. Springer, Heidelberg, S 109
Burkart G (2022) Halbleiter-Qubits voll funktionsfähig. Physik J 21:24
Eisert J, Fährmann P K, Caro M C (2023) Eine kurze Geschichte des Quantenrechnens von gestern bis morgen. Physik J 22, H. 11, S. 25
Fahrner W (2003) Nanotechnologie und Nanoprozesse. Springer, Heidelberg
Filipp S, Salis G (2023) Mit Supraleitung und Spin. Physik J 22(11):42
iX Special Quantencomputer (2021) Heise Verlag
Heise (2020) Quantencomputing: Eine Einführung für Programmierer https://www.heise.de/ct/artikel/Quantencomputing-Eine-Einfuehrung-fuer-Programmierer-4665986.html. Zugegriffen am 17.06.2025, erschienen auch in c't 6/2020
Homeister M (2008) Quantum Computing verstehen. Grundlagen – Anwendungen – Perspektiven. Vieweg, Wiesbaden
Jelezko F et al (2008) Ein Quantencomputer im Diamant. Themenheft Forschung der Universität Stuttgart zur Quantenmaterie, Ausgabe 5/2008 https://www.unistuttgart.de/presse/archiv/themenheft/05/ein_quantencomputer_in_diamant.pdf. Zugegriffen am 17.06.25
Laubsch A et al (2010) Licht aus Kristallen. Physik J 9(1):23
Marent A et al (2007) 10^6 years extrapolated hole storage time in GaSb/AlAs quantum dots. Appl Phys Lett 91:24
Marent A (2011) Entwicklung einer neuartigen Quantenpunkt-Speccicherzelle, Dissertation TU. Berlin
Michler P, Ulrich S M, Weis J (2008) Künstliche Atome und Moleküle, maßgeschneidert aus Festkörpern. Themenheft Forschung Universität Stuttgart, Nr. 5, S. 10
Morsch O (1998) Ein-Elektron-Transistor bei Zimmertemperatur. Spektrum der Wissenschaft 10/1998. S 13
Kästner B (2008) Robuste Einzelelektronenpumpe, PTB-News 3/2008. https://www.ptb.de/cms/presseaktuelles/zeitschriften-magazine/ptb-news/ptb-news-ausgaben/archive-derptb-news/news08-3/robuste-einzelelektronenpumpe.html. Zugegriffen am 17.06.2025
Riedl TJ (2002) Rot emittierende InP/GaInP Quantenpunktlaser, Dissertation an der Universität Braunschweig
scinexx (2022) Durchbruch für Silizium-Quantencomputer. Nature 601:348–353. https://www.scinexx.de/news/technik/durchbruch-fuer-silizium-quantencomputer/. Zugegriffen am 17.06.2025
Podbregar N (2021) Diamant als Quantenmaterial. https://www.scinexx.de/dossierartikel/diamant-als-quantenmaterial/. Zugegriffen am 17.06.2025
Smoliner J (2018) Grundlagen der Halbleiterphysik II. Springer Spektrum, Heidelberg
Smoliner J (2020) Grundlagen der Halbleiterphysik, 2. Aufl. Springer Spektrum, Heidelberg

Waldherr G, Wrachtrup J (2014) Quantenrechnung im Diamanten, Bericht der Max-Planck-Gesellschaft vom 29.01.2022. https://www.mpg.de/7868999/quantencomputer_quantenregister_diamant. Zugegriffen am 30.01.2022

Vurgaftman I, Meyer JR, Ram-Mohan IR (2011) Band parameters for III–V compound semiconductors and their alloys. J Appl Phys 89:5815

Weber A (2005) Optische Untersuchungen von Intersubniveau-Übergängen in selbstorganisierten InGaAs/GaAs-Quantenpunkten, Diss., Mensch & Buch Verlag, Berlin

welt1 (2006) Ein-Elektron-Transistor aus Silizium https://www.weltderphysik.de/gebiet/materie/nachrichten/2006/ein-elektron-transistor-aus-silizium/. Zugegriffen am 17.06.2025

Wikipedia (2021) Coulomb blockade https://en.wikipedia.org/wiki/Coulomb_blockade. Zugegriffen am 17.06.2025

Wikipedia (2022) Sycamore (Prozessor) https://de.wikipedia.org/wiki/Sycamore_(Prozessor). Zugegriffen am 20.06.2022

Wikipedia (2023) Fullerene https://de.wikipedia.org/wiki/Fullerene#. Zugegriffen am 17.06.2025

Stichwortverzeichnis

Symbols
. 49

A
Absorption 6, 119, 129
Absorptionsbauelement 129
Akzeptor 18, 48
Akzeptorrumpf 76
Atombindung 10
Ausgangskennlinienfeld 105
Austrittseffizienz 125
Avalanche-Effekt 95
Avalanche-Photodiode 130

B
Band 13
Bandabstand 15, 29, 33
Bandlücke 15, 29, 33
Barrierenhöhe, pn-Übergang 80
Basis 97
Basis-Emitter-Strom 100
Basisschaltung 98, 101
Basisstrom 100
Besetzungsgrenze 37

Besetzungsinversion 127, 128
Beweglichkeit 62
Biexziton 152
Bindung 10
  chemische 9
  metallische 12
Bindungsenergie 50
Bipolartransistor 97
Bohr'scher Radius 9, 49
Boltzmann-Verteilung 35

C
Coulomb-Blockade 153

D
De-Broglie-Wellenlänge 3
Diffusionskoeffizient 68
Diffusionslänge 69, 86
Diffusionsspannung 80
Diffusionsspannung, am pn-Übergang 94
Diffusionsstrom 67, 88
  der Elektronen 88
  der Löcher 90
Diodenkennlinie 95

Donator 18, 47
Donator-Akzeptor-Paar 122
Donatordotierung 49
Donatorelektron 50
Donatorrumpf 76
Dotierung 16, 47
Drain 108
Drain-Source-Spannung 109
Driftgeschwindigkeit 61
Driftstrom 59
Durchlasspolung 84

E
Effektive Masse 28
Effektive Masse Masse Masse,
  effektive 27
Effektive Zustandsdichte 37, 42
Eigenleitungskonzentration 40
Einelektronentransistor 154
Einstein-Beziehung 69
Elektrische Feldstärke 62, 78
Elektron 2, 26
  fehlendes 28
  im Halbleiter 26
Elektronengas 25
Elektronengas, zweidimensionales 139
Elektronenkonzentration 37
Elektronenpumpe 153
Elektron-Loch-Flüssigkeit 123
Elementarzelle 11
Elementhalbleiter 17
Emission 6
  induzierte 6
  spontane 6, 126
  stimulierte 126
Emitter 97
Emitter-Kollektor-Strom 100
Emitterschaltung 101
Emitterstrom 100
Energiebarriere 80, 85
Energieschema
  pn-Übergang 80
Exziton 152

F
Feldeffekttransistor 97, 107, 135, 138
  Kanal 108
Feldstrom 59
Fermi-Energie 15, 37, 52
Fermi-Verteilung 36
Fulleren 144

G
Gap 15
Gate 108
Gitterkonstante 11
Gitterschwingung 118
Graphen 143

H
Halbleiter 17, 116
  direkter 116
  indirekter 116
  ternärer 17
Halbleiter, eindimensionaler 145
Halbleiter, intrinsischer 40
Halbleiter, nulldimensionaler 148
Halbleiter, zweidimensionaler 137
Halbleiterdiode 75
Halbleiterelektron 27
Halbleiterlaser 126, 139
Halbleitern 116
HEMT 138
Heterostruktur 128, 137, 139
Heteroübergang 128, 137

I
III-V-Halbleiter 10
Impuls 27
induzierte Emission 6
Influenzkonstante 27
Injektions-Elektrolumineszenz 125
Intensitätsverlauf 120
intrinsische 40
Intrinsische Ladungsträgerkonzentration 42

K

Kennlinie 105
  Feldeffekttransistor 112
Kennlinienfeld 105
  Bipolartransistor 105
Kennliniengleichung 106, 111
Kohlenstoffnanoröhrchen 144
Kollektor 97
Konversionsschicht 125

L

Ladungssteuerungsmodell 108
Ladungsträgerkonzentration, am pn-Übergang 85
Ladungsträgerkonzentration, intrinsische 40, 42
Ladungsträgerkonzentration, Störstellen 49
Laser 126
Laserbedingung 127, 128
Laserdiode 127
Lawineneffekt 95
Lawinen-Photodiode 130
LED 7, 115, 124
Leitfähigkeit 60
Leitungsband 14
Leitungsbandminimum 116
Licht 4
Licht, kohärentes 126
Lichtgeschwindigkeit 5
Lichtquant 5
Loch 27
Lumineszenz 6, 119
Lumineszenzdiode 115
Lumineszenzmaterial 118

M

Majoritätsträger 33, 85
Masse, effektive 28
Massenwirkungsgesetz 43, 81, 119
Metalloxid-Feldeffekttransistor 107
Minoritätsträger 33

Mischkristall 17
  quaternärer 17
MOSFET 107, 138, *siehe Metalloxid-Feldeffekttransistor*

N

Nanodraht 145
Nanostruktur 136
NMOS 108
npn-Transistor 98
nulldimensionale Halbleiter 148
NV-Zentrum 163

O

Ohm'sches Gesetz 59

P

Pauli-Prinzip 4
Permittivität 27
Phonon 118
Photodetektor 129
Photodiode 130
Photoelektrischer Effekt 4, 5
Photoelement 130
Photoleitung 130
Photolumineszenz 120
Photon 5, 117
Phototransistor 131
Photovoltaischer Effekt 131
Photowiderstand 130
Planck'sche Konstante 3
PMOS 108
pn-Übergang 75
Positron 27
Potenzialtopf 149
Pseudoatom 149

Q

Quantencomputer 159
Quantendraht 146

Quantenfilm 140
Quantengraben 141
Quantengrabenäben 137
Quantenpunkt 142, 149
Quantenpunkte 149
Quantenpunktlaser 157
Quantenstruktur 136
Quasiimpuls 27
Quasiteilchen 26
Qubit 160

R
Raumladung 76
Raumladungsgebiet 76
Raumladungszone 76, 77, 82
  Breite 82
Resonator 127, 128

S
Sättigungsstrom 92, 112
Sättigungsstromdichte 92
Schwellspannung 111
Schwellstrom 141
Shockley-Gleichung 85, 92
Solarzelle 131
Source 108
Sperrpolung 84
Sperrschicht 77
Sperrschichtbreite 78
Sperrstrom 92
Spezifischer Widerstand 60
Stehende Welle 127
Störstelle 16, 46
Störstelle, isoelektronische 119
Störstellenerschöpfung 52
Störstellenniveau 51
Störstellenreserve 52
Strom, am pn-Übergang 91

Stromdichte 60
Stromdichte, am pn-Übergang 91
Strom-Spannungs-Kennlinie 106
  Feldeffekttransistor 111
Strom-Spannungs-Kennlinie,
  Halbleiterdiode 91
Stromverstärkung
  Bipolartransistor 101
Stromverstärkung 101

T
Tal 29, 116
Teilchendichte 37
Teilchenkonzentration 37, 147
Trion 152

V
Valenzband 14
Verarmungsschicht 76, 77
Verbindungshalbleiter 17
Verbotene Zone 29
Verschränkung 161
Verstärkungsfaktor 101
Verstärkungswirkung 100
Verstärkungswirkung, Bipolartransistor 100

W
Wasserstoffatom 8
Wertigkeit 10

Z
Zener-Diode 95
Zener-Effekt 95
Zustandsdichte 35, 146
Zustandsdichte, effektive 37, 42
Zweidimensionales Elektronengas 139

MIX
Papier aus verantwortungsvollen Quellen
Paper from responsible sources
FSC® C105338

If you have any concerns about our products,
you can contact us on
ProductSafety@springernature.com

In case Publisher is established outside the EU,
the EU authorized representative is:
**Springer Nature Customer Service Center GmbH
Europaplatz 3, 69115 Heidelberg, Germany**

Printed by Libri Plureos GmbH
in Hamburg, Germany